ENGLISH GARDENS IN MY EYES

我眼中的英国花园

虞金龙 著

中国林业出版社
CFPH China Forestry Publishing House

ENGLISH GARDENS IN MY EYES II

我眼中的英国花园：下

ENGLISH GARDENS

IN MY EYES

ENGLISH GARDENS

IN MY EYES

虞金龙

上海北斗星景观设计院院长，首席设计师
教授级高级工程师
上海市绿化行业领军人才
上海市园林绿化标准委员会绿化设计专业组副组长
上海市住建委专家库专家评委
浙江大学客座教授
上海师范大学兼职教授

具有38年的风景园林规划设计和造园经验，作为行业内的知名风景园林师，他始终关注风景园林的前沿核心理论与风景园林学科发展，致力于一线的风景园林设计与实践工作，如城市更新、公园城市、旅游度假区及酒店景观、住宅景观、江南园林等的设计和营造。擅长在国际化视野下结合本土环境，将生态、生活、生产景观演化为生境、画境、意境的“三境”风景园林文化的设计和营造，在设计中强调项目全程化设计创意的匠心落地，拥有丰富的从理论到实践的经验，是园林文化的推动者和传播者，是居境大观的倡导者与践行者，提出了站在文化的高度、造园的精度、生活的适度、城市的维度、世界的广度的“五度”风景园林设计理念和精准设计、精湛施工、精彩呈现的“三精”匠心造园理念。其设计的作品有获得国际风景园林师联合会（IFLA）奖与中国风景园林学会奖的九华山涵月楼酒店，获得世界园艺生产者协会展园大奖的唐山世界园艺博览会上海园、郑州园林博览会上海园，城市更新的上海北外滩滨江绿地、苏州河外滩最美会客厅花园、上海徐汇高安花园以及获亚洲人居奖的天安千树、旭辉恒基天地等经典项目，获得“园林杯”的上海古北黄金城道、商船会馆花园等经典项目。在对世界城市及园林的考察中，虞金龙先生不断探讨与研究东西方园林文化的交融与差别所在，不断探索风景园林对于当下公园城市、花园人居、人与自然和谐的意义。

TO·THE·MEMORY·OF
ALBERT·PRINCE·CONSORT
AS·A·TRIBUTE·OF
THEIR·GRATITUDE

序一

2010上海世界博览会中提出“城市，让生活更美好”，其意义涵盖了城市中实现人与自然的和谐，人与人的和谐，以及现在与历史的和谐。其实，任何美好的空间，都在于其与自然的依存关系，与社会文明的糅合交织，对历史的承继和延续才能得到平衡和发展。

虞金龙教授的《我眼中的英国花园》不仅以风景园林设计和实践的专业人士的视角对作为世界三大园林体系之一的英国园林发展的脉络、风格演变和经典设计做了系统阐述，更从历史、人文、自然这三个维度将英国园林和花园的美好全面展现。

带读者从历史“时间轴”上了解英国园林和花园是本书的亮点。虞金龙教授对英国园林从43年至现代的发展历史路径做了断代研究，相伴英国国家和欧洲的发展历史，讲解英国园林从菜园到花园再到风景园林的发展历程。再转至现代，回答了在科技、社会高速发展的冲击下，从悠远历史而来的园林如何以新的生命活力持续吸引市民、游客和专业人士的问题。

《我眼中的英国花园》的另一精彩之处是虞金龙教授将这些花园、园林，及它们所属的古堡、庄园、乡舍与“人”的故事娓娓道来。园林的巧思匠心中有哲学家、文学家的自然思想、画家的自然风景画、历代建筑师与造园家的历史性作用、英国王室和民间信托基金等组织的保护运营模式、园丁团队的工作方式和技能、英国普通人民对生活和园艺的热爱等。更令人身临其境的是虞金龙教授对城堡、乡舍和花园的历代主人的传奇故事及其家族的兴衰演变、园林与历史文化名人、时尚艺术和政治圈子的互动交织的描述，使读者在认识和理解这些英国园林的历史成因和人文积淀的同时，领悟与体验场景里发生的故事。

英国的乡村、庄园、花园似乎本就是“人与自然和谐”的代名词之一，虞金龙教授除了从园林设计的角度深度诠释之外，更对英国园林中收集自世界各地的丰富园林植物进行了细节的附图介绍，包括经典园艺配置植物、罕见植株、植物季节特性，以及园林中的植物和动物在当前气候下遇到的挑战等。

《我眼中的英国花园》是虞金龙教授作为园林人38年来的努力、理想与追求的实现，是他与团队对描述英国园林与花园的书籍、视频等反复研究、十多年对英国园林的实地考察与复盘、16次英国园林之行中拍摄的50多万张美丽园林照片的成果精选。

再次祝贺虞金龙教授能将自己对工作、花园和历史文学的热爱付诸此书。它对公园城市建设、花园人居建设、风景园林发展无疑有很大的参考价值和现实意义，同时也适合所有热爱美好的读者。

吴志强
中国工程院院士
德国工程科学院院士
瑞典皇家工程科学院院士
2022年8月

序二

提到英国园林，大家都会想到湖区（the Lake District）、科茨沃尔德（Cotswold）、霍沃斯（Haworth）等精彩绝伦、斑斓多彩的自然景观，18世纪的自然式园林是英国对世界园林风格所作的重要贡献。

园林是建筑物的室内空间向室外空间的一种有机延伸。自古以来，园林作为人和自然之间的过渡，一直是很多哲学家、艺术家较为关注的领域。“全能的上帝率先培植了一个花园。的确，它是人类一切乐事中最纯洁的，它最能怡悦人的精神，没有它，宫殿等建筑物不过是粗陋的手工制品而已……”这是英国著名哲学家弗朗西斯·培根（Francis Bacon）在《论造园》中的一段名言。正如这位哲人所说，园林是建筑艺术最好的修饰，它能给我们的生活创造一个美好的环境。人的基本生活离不开建筑，但是园林似乎是一种奢侈品，它的欣赏性要远远超过实用性。从这一点上来说，人们的审美理想和欣赏情趣也就能较为完整地在园林艺术上反映出来。

人们很早就认识到山水植物等自然环境与人类生存和繁衍之间的依存关系。古往今来，在东西方的各种文献经典、艺术作品和故事传说中，许多学者、哲人都将园林看作人类生活的理想境界，并以它为模式来构想、描绘天堂的美好生活。

在英国的花园里，您就能深切感受到这种人与自然、人居环境与花园景观的有机融合关系。

虞金龙先生花了十多年的时间，先后16次赴英国，从城堡花园、庄园花园，皇家园艺学会花园、公园与植物园、个性化园艺花园、小镇花园等多维度多方位研究考察，以“时间轴”上的英国园林发展史研究为基点，分析英国园林的成因与发展，以及对人类居住环境的影响。

在今夏上海连续40℃的日子里，读到虞金龙先生这本书的样稿，甚感欣慰。这些年，大家出国的机会多了，介绍国外园林的书籍很多，但是兼容系统性、专业性、可读性的不多。作为同行，我欣赏虞金龙先生缜密的思考和严谨的写作态度，被他十多年坚持写好一本书的精神所感动，并为他精心撰写的这本专著能够付梓由衷感到高兴。本书兼具了学术性、知识性、实用性，图文并茂，值得一读。

是为序。

朱祥明

教授级高级工程师

全国勘察设计大师

上海风景园林学会理事长

住建部风景园林专家委员会委员

2022年8月

公园与植物园

这一篇章将介绍数十个英国知名的公园与植物园。这类花园在整个英国甚至世界园林史上，都拥有浓墨重彩的一笔，如斯陀园是规整园林向自然风景园林转变的里程碑，是第一座英国自然风景园；斯托海德风景园是英国自然风景园林的最高峰；英国皇家植物园是植物分类园的典范；谢菲尔德公园拥有整个英国最著名的秋色……这些花园宛若一颗颗闪亮的明珠，在英伦大地上熠熠生辉，引领着英国花园变迁和发展。

Fountains Abbey
方廷斯修道院遗址公园

世界文化遗产——方廷斯修道院

其影响与北京的故宫、雅典的卫城等齐名

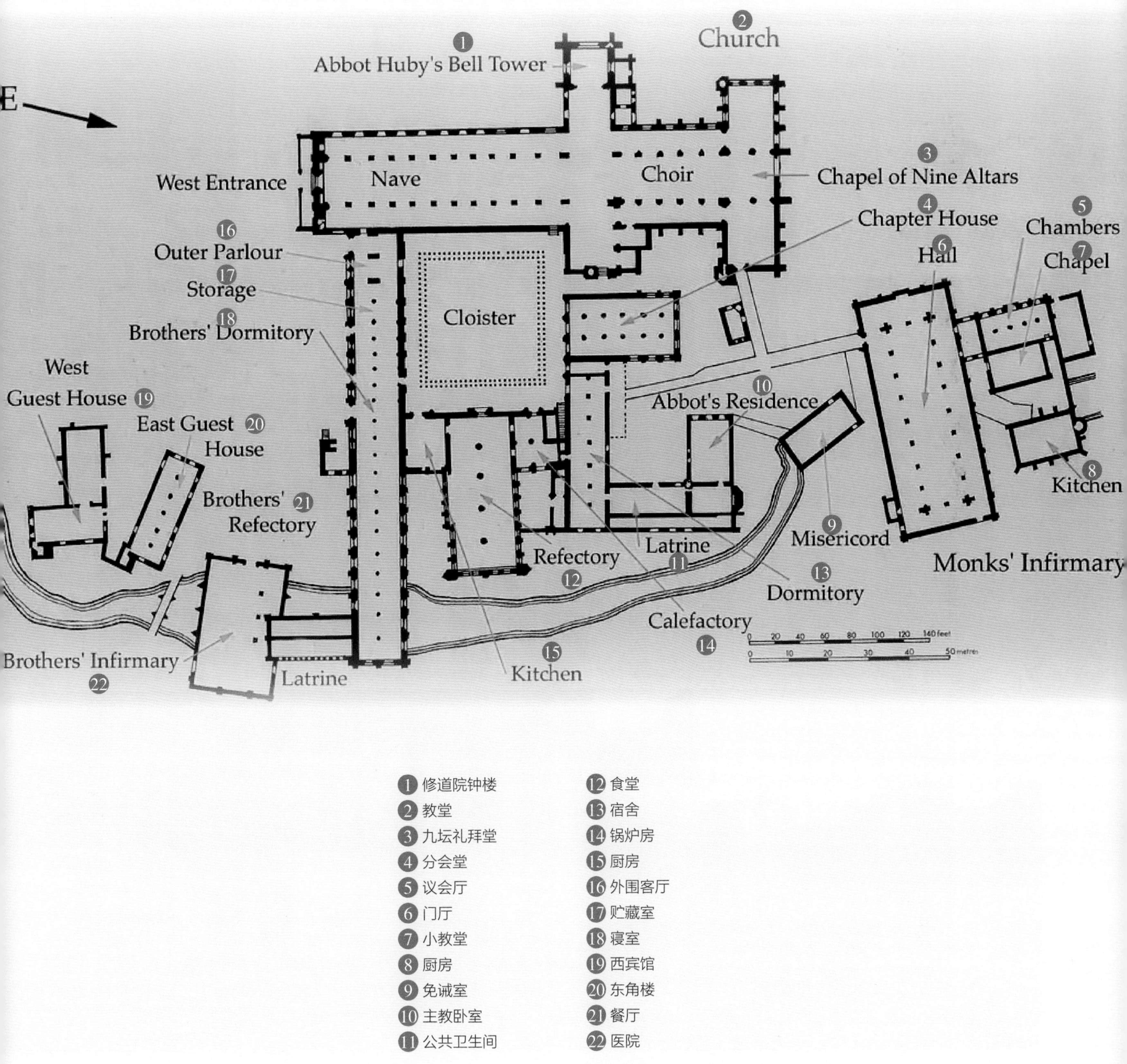

E
1 Abbot Huby's Bell Tower
2 Church
West Entrance
Nave
Choir
3 Chapel of Nine Altars
4 Chapter House
5 Chambers
6 Hall
7 Chapel
16 Outer Parlour
17 Storage
18 Brothers' Dormitory
Cloister
West Guest House 19
East Guest 20 House
10 Abbot's Residence
Brothers' 21 Refectory
8 Kitchen
Latrine 11
Refectory 12
9 Misericord
Monks' Infirmary
13 Dormitory
Calefactory 14
15 Kitchen
Brothers' Infirmary 22
Latrine
0 20 40 60 80 100 120 140 feet
0 10 20 30 40 50 metres
1 修道院钟楼
2 教堂
3 九坛礼拜堂
4 分会堂
5 议会厅
6 门厅
7 小教堂
8 厨房
9 免诫室
10 主教卧室
11 公共卫生间
12 食堂
13 宿舍
14 锅炉房
15 厨房
16 外围客厅
17 贮藏室
18 寝室
19 西宾馆
20 东角楼
21 餐厅
22 医院

方廷斯修道院于1986年根据文化遗产评选标准C（Ⅰ~Ⅳ）被列入世界文化遗产目录。包括方廷斯修道院和方廷斯城堡，建于18世纪的花园、运河，建于19世纪的种植园和新哥特式风格的斯塔德利皇家公园。

修道院初期属于西多会（Cistercians），地处偏僻无人的乡野之间，没有正常商业往来用以物资交换，需要修士们辛勤劳作，自给自足。一条河、一眼泉，便是生命之源，因此又名喷泉修道院。

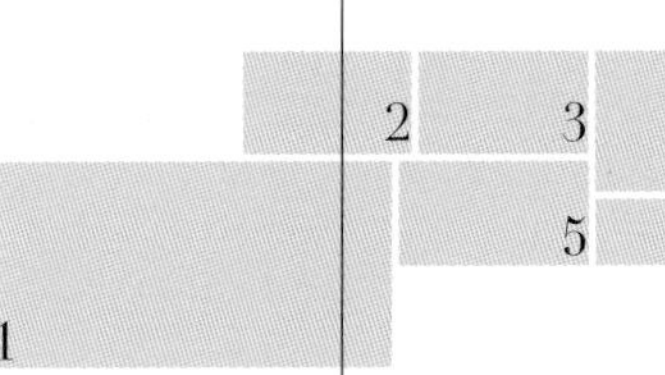

1. 残败的外墙仍能感受到修道院曾经的辉煌
2. 阳光洒在建筑上留下岁月的斑驳
3. 接待厅部分采用现代的手法来处理
4. 建筑简朴中带着深邃和宁静
5. 整个修道院建筑对光影的控制因特罗曼建筑廊柱的节奏而增强
6. 修道院的寝室和餐厅

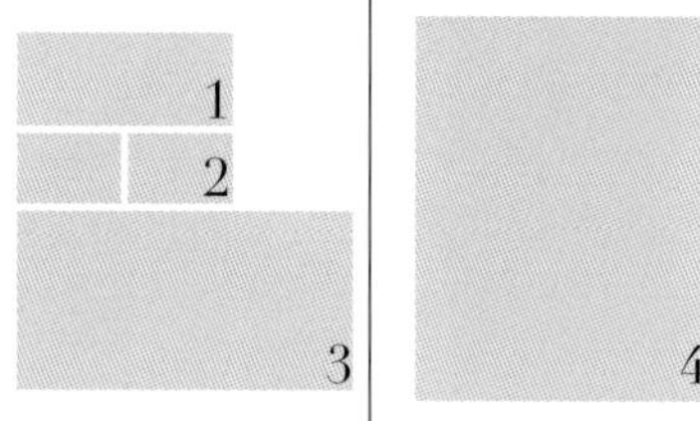

1. 不同的角度观赏修道院遗址，都是苍凉的，遗世独立的存在感
2. 离开的路上回望，修道院遗址仍然宁静地矗立在北约克郡茂密的植被之中
3. 方廷斯道院的建筑之所以被众多大师膜拜，是因为它植根于生活
4. 喷泉区域如今也已颓败

联合国教育科学文化组织在遴选世界文化遗产时表示：方廷斯修道院遗址将英国最富有的修道院、詹姆斯一世喷泉大厅和伯吉斯（Burges's）微型新哥特式杰作，与水花园和鹿公园结合成了一个和谐的整体。包括修道院废墟的斯塔德利皇家公园，也说明了中世纪修道院的实力以及18世纪欧洲上层阶级的品位和财富。

1. 河水仍在川流不息，仿佛忘却了中世纪的硝烟
2. 遒劲的树木与野草为废墟填上了时间的注解

Fountains Abbey

在我看来这里是摄影师的天堂，光与影在这里纵横交错，旷野与古老的建筑、喷泉共同构建起视觉的震撼和力量，在约克郡的母亲河——乌斯河畔。随着时光推移，越发成为凝固的艺术品。

Hyde Park
海德公园

这里是世界级活动的举办地

也是国际化大都市中

真正可以放松身心

锻炼身体和清醒思绪的好地方

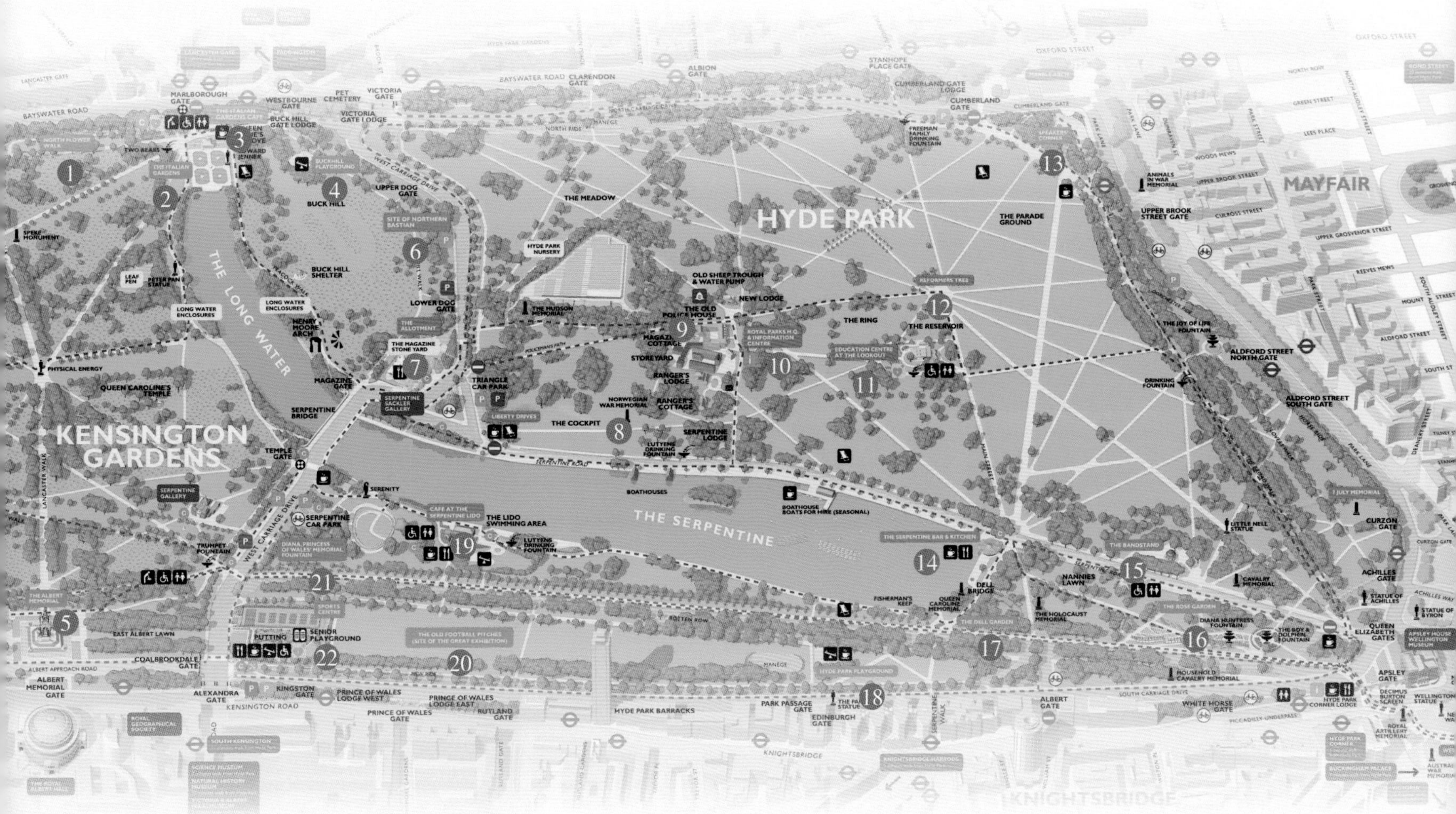

1 北侧花境
2 意大利花园
3 意大利花园咖啡馆
4 巴克希尔游乐场
5 阿尔伯特纪念馆
6 巴斯蒂安北部遗址
7 采石场
8 挪威战争纪念馆
9 旧警察局
10 皇家公园总部和信息中心
11 教育中心瞭望台
12 改革者树
13 演讲者角
14 蛇形酒吧和厨房
15 演奏台
16 玫瑰花园
17 戴尔花园
18 海德公园游乐场
19 蛇形咖啡馆
20 旧足球场（大展览现场）
21 戴安娜·威尔士王妃纪念喷泉
22 体育中心

大地艺术家克里斯托（Christo）在海德公园创作了一个名为伦敦马斯塔巴（Mastaba）的临时装置艺术雕塑，从2018 年6月18日至 9月23日漂浮在蛇形湖（Serpentine）上。这个名为伦敦马斯塔巴的梯形金字塔，高20米，由7506个直径60厘米的油桶组装而成，油桶身躯以红色为主体搭配白色横条，盖子则分别漆上红蓝紫三色，颜色鲜艳的金字塔耸立在绿意盎然的海德公园正中央，不管从哪个角度看，都格外突出显眼。克里斯托表示，伦敦马斯塔巴的设计没有特定含义，希望留给游客思考、想象的空间。

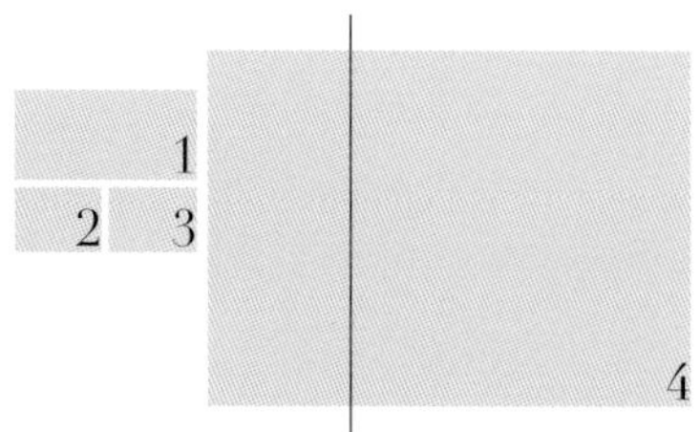

1. 海德公园内丰富的植物群组
2. 公园是伦敦的绿肺
3. 阿尔伯特纪念广场周边巨大的射灯装置，外部用金属罩保护，防止射灯过热
4. 伦敦马斯塔巴在湖面形成倒影

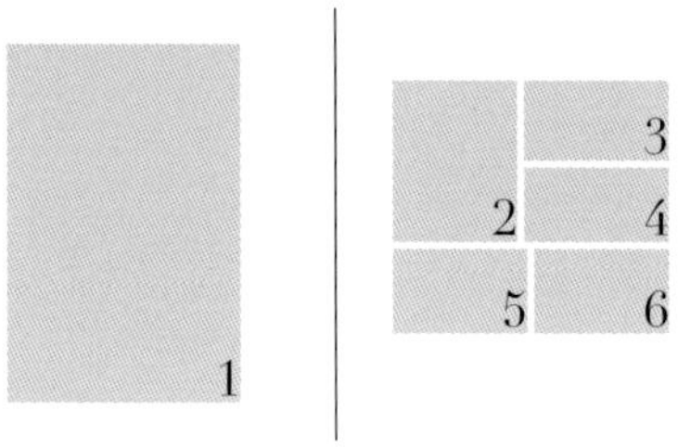

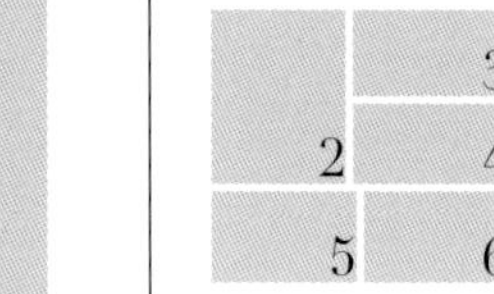

1. 阿尔伯特纪念碑是伦敦最华丽的纪念碑之一，是维多利亚女王为了纪念她心爱的丈夫建造的
2. 海德公园地处伦敦市中心，是伦敦市民最喜爱的公园之一
3. 水面由查尔斯 · 布里奇曼设计，他将一众小池塘连成一片大湖泊，如今成为蜿蜒的湖岸
4. 很多天鹅在湖面栖息
5. 骑马道是海德公园的特色，很多孩子来这里骑马
6. 精致而繁复的大门

海德公园占地160万平方米，坐落在伦敦最繁华的威斯敏斯特教堂地区，位于白金汉宫的西侧。海德公园是伦敦市内最知名的公园，也是英国最大的皇家公园之一，18世纪前这里曾是英国国王的狩鹿场，还是英国人将生活在自然中的习惯带入城市的产物。海德公园是皇家公园商业化的成功代表，以管理委员会的经营方式和贯穿全年的丰富活动，盘活了整个片区。人们在这里散步、骑马、游泳、滑冰、野餐、举行摇滚音乐会……几乎所有的城市活动在这里都能开展。

整个海德公园内的景点很多，近些年最为著名的当属戴安娜王妃纪念喷泉。这个喷泉位于海德公园九曲湖畔，由英国政府出资建造，纪念备受爱戴的威尔士亲王王妃。戴安娜王妃纪念喷泉最巧妙的就是摆脱了纪念性空间“静谧”的传统，用灵动的喷泉来表达戴安娜王妃融入普通百姓的形象，鸟瞰水渠会发现这个长短轴的椭圆形图案，酷似一条项链温柔地佩戴在原有的草坪上。设计师通过这种形式表现“外通内达”的概念，以体现戴安娜王妃生前兼容、博爱的性格。水流从两个方向的最高点流出，在底部的平静水池中遇到瀑布、漩涡和气泡，水不断冲刷，在低处又渐渐平缓，以此寓意戴安娜王妃充满激情而后归于平静的一生，如今这里已经成为全民活动场所。

1. 戴安娜王妃纪念喷泉，生动展现了戴安娜王妃的一生
2. 喷泉摆脱纪念性空间“静谧”的传统
3. 人们以各种方式享受喷泉的涌动
4. 由英国雕塑家西蒙 · 古金 (Simon Gudgeon) 设计的作品“宁静”，其灵感来自埃及的自然女神
5. 人们三三两两地坐在喷泉池壁边，空间充分展现出包容力

在伦敦的清晨里感悟伦敦人的生活，然后漫步在海德公园里的戴安娜王妃纪念喷泉以及肯辛顿公园（肯辛顿公园曾经是海德公园的一部分，融合了新旧公园的逍遥时光和绿地）等，视野中有英国特有的红砖建筑，有晨跑和晨泳的人们，有湖中悠闲的天鹅。森林中的松鼠欢快地不停跳跃，而森林边盛开七叶树红花的花境也点亮了空间，增添了花园里的色彩。空气中，薰衣草香味浓郁，呼吸着清爽的空气，公园让人们感悟到一个开放的城市、花园及人和谐相处在一起的情景。展现了它作为城市引擎的作用，也为同类型的项目带来参考价值。

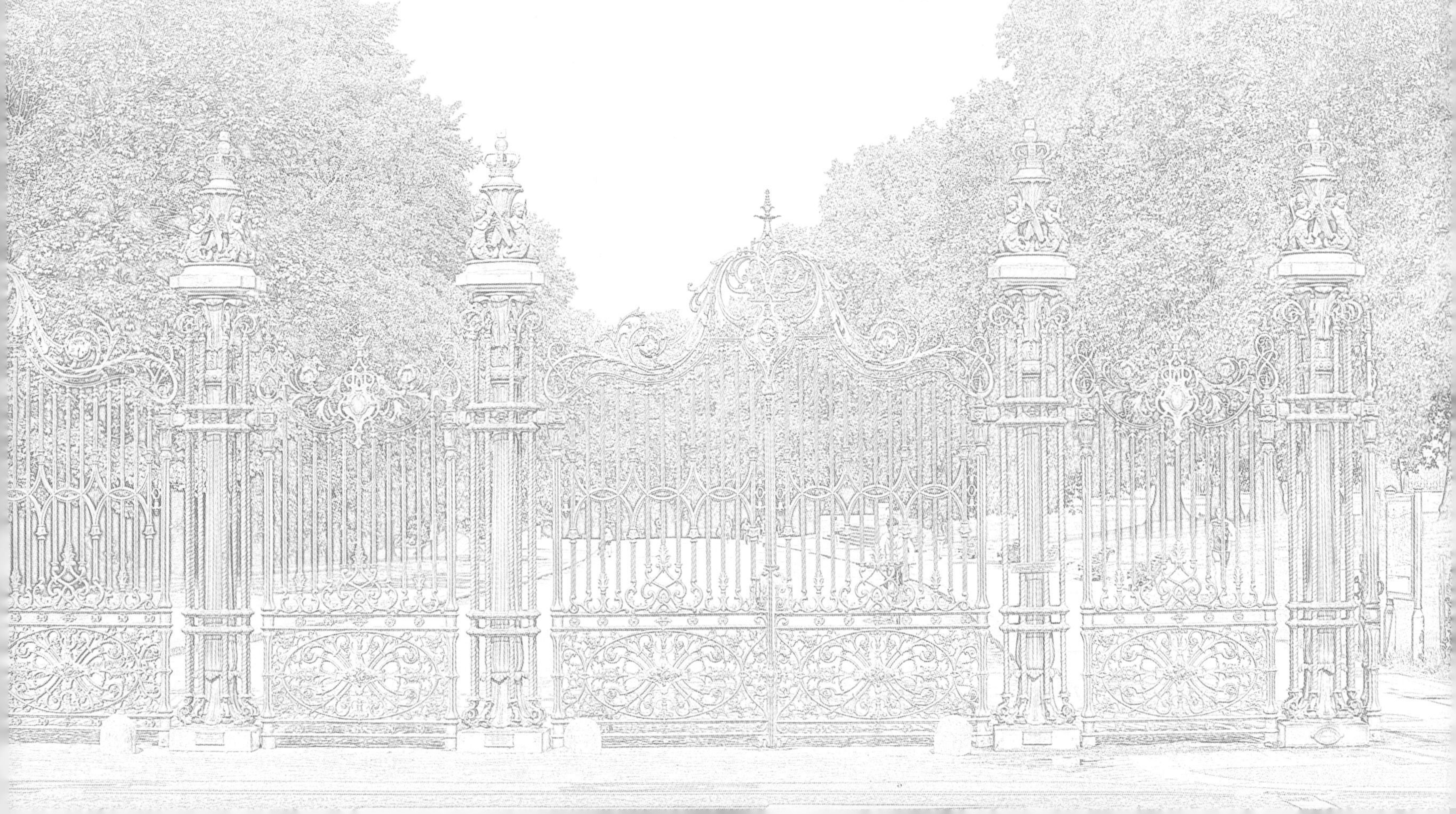

The Royal Botanic Gardens, Kew Palace

英国皇家植物园——邱园

“成为全球植物和真菌知识的资源库

搭建人类与其赖以生存的植物、真菌之间的桥梁”

这是邱园的使命，也是其了不起的地方

建筑师：威廉·肯特（Kent William）、威廉·查伯斯爵士（Sir William Chambers）

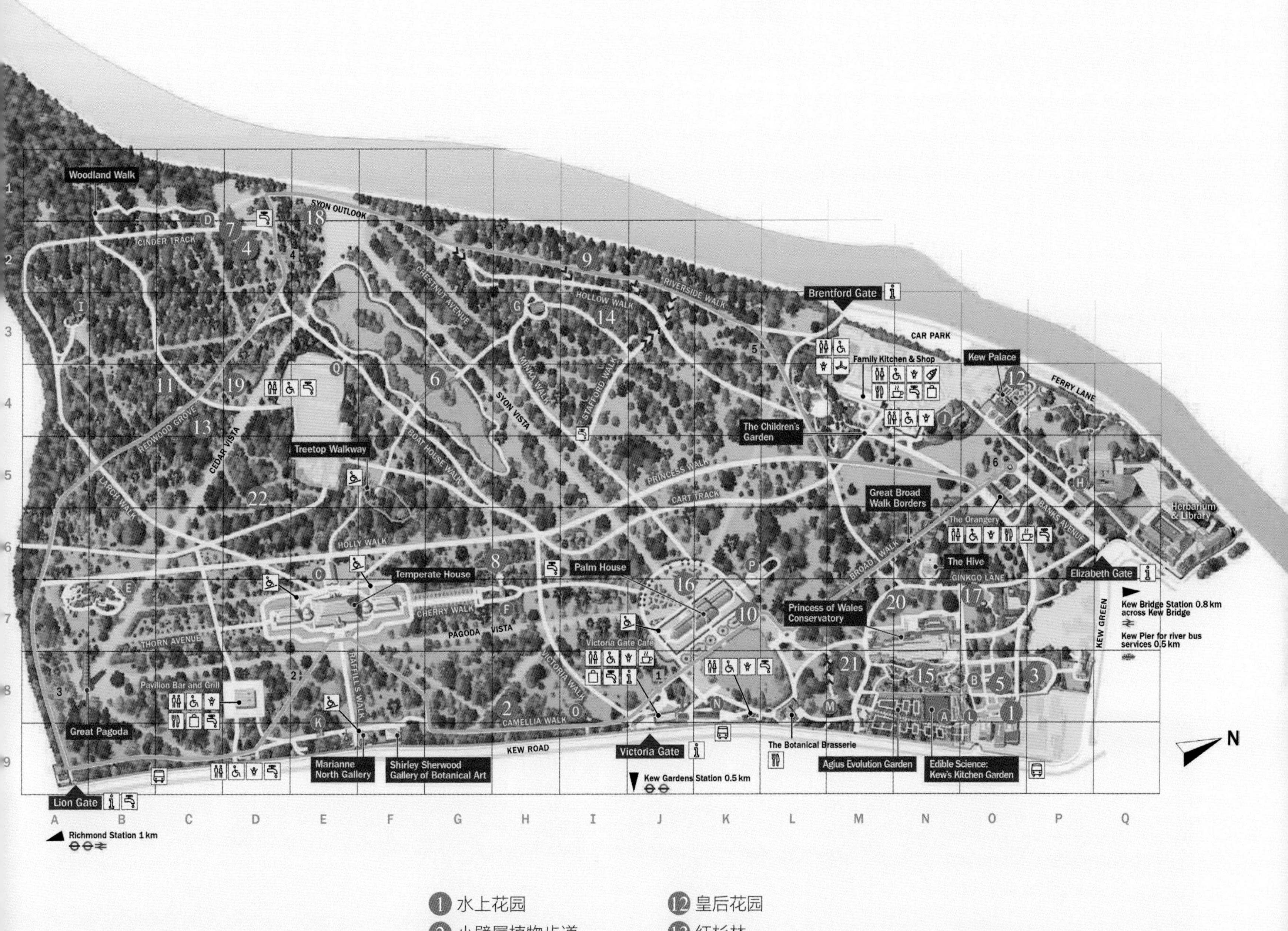

1 水上花园
2 小檗属植物步道
3 公爵花园
4 獾的洞穴
5 草本植物群落
6 跨湖桥
7 林地道路
8 地中海植物园圃
9 橡树收藏林
10 棕榈屋花坛
11 松科林
12 皇后花园
13 红杉林
14 杜鹃花
15 岩石花园
16 玫瑰花园
17 幽园
18 预留地
19 睡莲池
20 冬季花园
21 林地花园
22 林间空地

邱园的历史可追溯至1759年，由乔治二世与卡洛琳女王之子威尔士亲王的遗孀——威尔士王妃奥古斯塔，在其所住的庄园中命人建立一座占地仅3.5公顷的植物园。这便是邱园的雏形。1840年，邱园被移交给国家管理，并逐步对公众开放。之后，经皇家的三次捐赠，到1904年，邱园的规模达到了121公顷。

邱园的使命是“成为全球植物和真菌知识的资源库，搭建人类与其赖以生存的植物、真菌之间的桥梁”。英国广播公司（British Broadcasting Corporation，BBC）经典纪录片《植物王国》就是在邱园拍摄完成的。纪录片通过微距镜头展现了看似宁静的植物界激烈竞争的场面和令人叹为观止的生存策略。

邱园布局巧妙，展示了温室花园、花境花园、岩石花园、杜鹃园、空中花园等不同的花园。植物园空中的云桥、林中的孔雀、峡谷中的杜鹃、水上的飞虹、美妙的花境以及地下的生物都在诠释邱园在植物引种、品种收集、花园展示、植物培育的全球化视野。所以每一个来过邱园的人便能明白英国园艺为什么如此历久弥新、举世闻名，成为全世界植物园、园林人士、园艺爱好者和普通市民心驰神往的园艺王国！

2

3

1

1. 这座维多利亚时期的温室就是邱园的标志性建筑
2. 仿佛从草坡上生长出来的威尔士王妃温室展现了建筑美学和现代科技的结晶，该温室的特色之一是节能，通过计算机控制调节供热、湿度、通风、采光，确保室内不同区域植物所需要的不同的环境条件
3. 在威尔士王妃温室外晒太阳的野鸭

花园模仿比利牛斯山脉的生境，蜿蜒的小径贯穿这个150米长的山谷，模拟出一条天然河道。它最初是由石灰石制成的，已经逐渐被苏塞克斯砂岩所取代，因为它可以保留更多的水分，能够种植更多的物种。

这里是花的海洋，能看到纯正的英式园林的艺术风格，并将自然、历史与人文结合在一起。

全身心沉浸在大自然的怀抱，领略融合了人类智慧的优雅空间。仿佛倾听回荡在空中的田园交响曲，可以让人暂时忘却世间的烦恼。

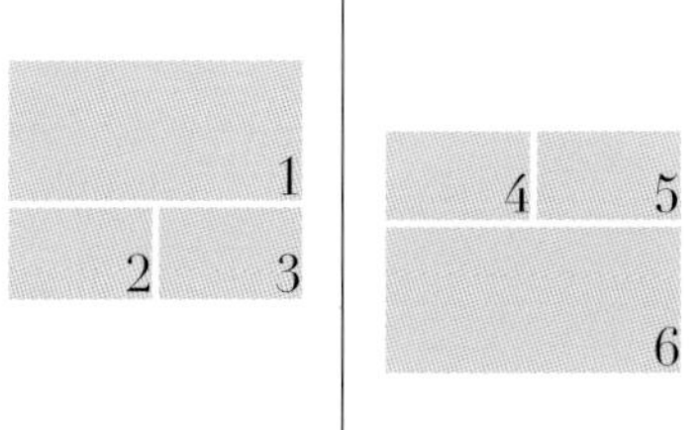

1. 温室外的岩石园，蜿蜒小径贯穿其中，温室又仿佛从岩石中生长出来
2. 雪白的卷耳
3. 珍奇品种的仙人球
4. 各色盛开的杜鹃花
5. 植物和装置艺术相结合
6. 你可以花一整天的时间探寻邱园里的植物，更可以花更长的时间感受它波澜壮阔、跌宕起伏的故事

这座红色建筑的施工方法为典型的佛兰芒砌砖法（Flemish bond），利用砖头的横竖转换实现长短错缝，门饰带有明显荷兰味道。从热带到沙漠，在植物王国游览一天，去发现自然界的奥秘。

此外，邱园中还有很重要的中国元素，那就是来自中国南京大报恩寺琉璃塔的复制宝塔，也是英国唯一的中式皇家宝塔，由英国国王乔治三世委托皇家建筑师威廉·钱伯斯（William Chambers）于1762年设计建造，是当时英国最高的建筑。

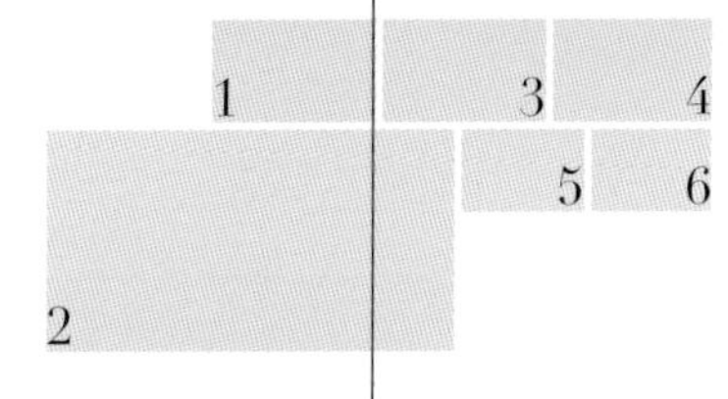

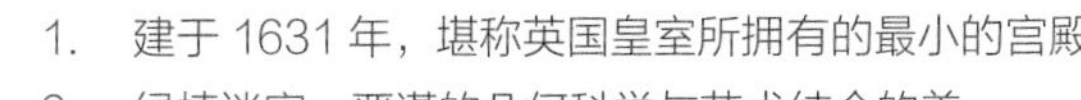

1. 建于 1631 年，堪称英国皇室所拥有的最小的宫殿
2. 绿植迷宫，严谨的几何科学与艺术结合的美
3. 藏在起伏地形后的凉亭
4. 邱宫旁边的多花紫藤长廊
5. 全家去公园是英国家庭生活的日常，教孩子欣赏自然
6. 偶遇在草地上散步的蓝孔雀

1 2

3 4

1. 著名的赛克勒桥（Sackler Crossing Bridge），由英国建筑师约翰·波森（John Pawson）设计，是一座极具桥梁美学原理的漂亮而简洁的人行桥，2008 年获英国建筑师皇家学院（Royal Institute of British Architects）颁发的特别奖
2. 穿过林地上方 18 米的树顶，换个角度参观整个公园美景
3. 花境中漫步，回味英国皇家植物园的一草一木
4. 晴朗的日子，可以像爱丽丝梦游仙境，在这个巨大的野餐桌上来一次田园盛宴

一直碰到很多想学艺术设计的孩子问，我以后工作是做艺术设计，我为什么要学数学呢?

邱园的学习与行走中能给出答案。建在树顶的空中步道的结构受斐波那契数列的启发，而这种数列常见于自然界的生长模式，值得设计师研究，所以谁说大自然不是我们最好的老师呢？另外，园中无论是棕榈温室，还是威尔士王妃温室，抑或是赛克勒桥，这些后来逐步建成的建筑，都巧用现代的材料、科学的管理、极简的设计，让它们像从自然中生长出来的一样，安静地与环境融为一体。听树中液体流动的听筒、观测地下生物生命律动的仪器，或许未来，在芯片高科技、微波科技的促进下，传统的植物园、城市公园可能都会面临如何吸引市民、游客及专业人士的挑战，而邱园巧妙地借助艺术与科学的跨界合作项目，为植物园注入了新的生命活力。

邱园的过去、现在和未来，都在用自己的专业知识、科学技术和天马行空的艺术想象力，带给我们无限的可能。

Wakehurst
韦园

世界上最大的野生种子保护项目
——千禧种子银行所在地

1 中庭展览空间
2 花坛
3 公馆
4 马厩和厨房
5 滑架环
6 公馆草坪
7 槌球草坪
8 公馆池塘
9 冬季花园
10 围墙花园
11 儿童围墙花园
12 水上花园
13 堆肥角
14 沼泽园
15 针叶树林
16 伯利恒森林（桦树林）
17 南方山毛榉林
18 亚洲健康花园
19 喜马拉雅沼泽地
20 韦斯特伍德山谷
21 美洲大草原
22 马桥木
23 南半球花园
24 科茨森林
25 南半球花园
26 森林栈道
27 岩石步道
28 布鲁默斯山谷
29 皮尔斯兰森林
30 韦斯特伍德湖
31 湿地保护区
32 加冕草甸

英国皇家植物园包括邱园（Kew Garden）和韦园（Wakehurst）。1965年在距植物园50千米的苏塞克斯郡（Sussex）开辟了一个240公顷的韦园卫星植物园，主园加卫星园共有360公顷，成为规模巨大的世界级植物园。

韦园的特色在于其投资近8000万英镑的千禧种子银行（Millennium Seed Bank），它保存了全球和英国本土的成千上万的重要和濒危种质资源。

韦园各处都散发着自然空间的魅力。这里有起伏的地形和峡谷，有流水的溪涧与湖泊，从而形成了不同的生境，便于将各类植物资源巧妙分布其间。园内中国元素赫然在目，设置有中国西南的植物区域。这个以种质资源闻名的植物园，适合全龄段的学习，特别是孩子们可以在此漫步，可以学习植物科普知识，可以放松身心，并享受自然与成长的乐趣。

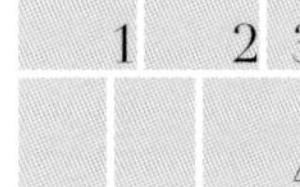

1. 用树皮藤条等天然材质做成的蘑菇小品，环保又趣味性十足
2. 韦园也是英国国家自然信托基金会成员之一
3. 充满创意感的雕塑
4. 种子在显微镜下的造型：通过雕塑和各种互动的展示方法让人们对种子和植物有更直观的认知和理解

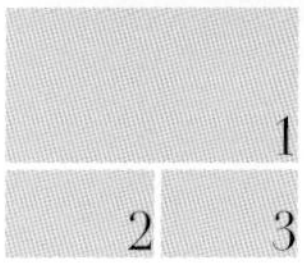

野生植物园拥有超过500英亩（约200公顷）的美丽观赏花园、林地和自然保护区。林地包含来自世界各地的树木品种和全年提供色彩的野花等地被植物。

1. 在这里，林地和自然保护区开放给孩子们探索自然
2. 深秋的树木像春夏绽放的花朵一样色彩绚丽
3. 植物园的树木根据自然生长的分布区域分组

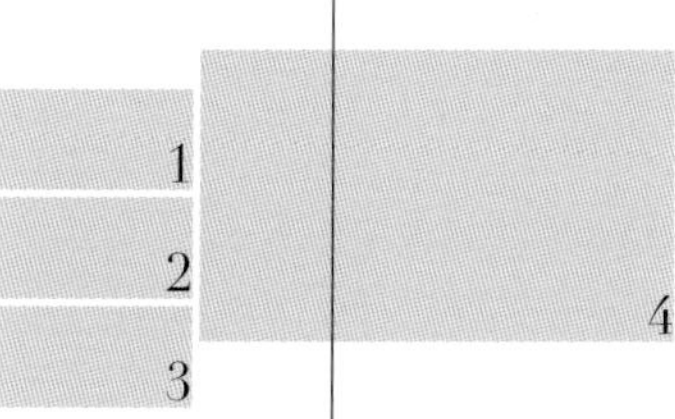

1. 观景平台
2. 无论季节如何，悠闲漫步在花园里都能让人放松身心并恢复精神
3. 丰富的乔木、灌木层次和色彩质感搭配，是游客拍照的理想场所
4. 历史悠久的豪宅花园坐落在草坪、池塘和围墙花园之间

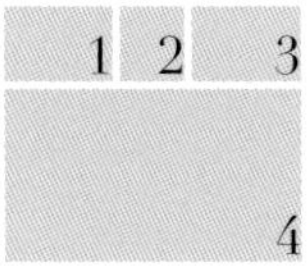

1. 蜿蜒的小路带你探索远方
2. 夕阳西下，安静的植物园仿佛会偶遇“小精灵”
3. 分枝点接近地面的枫树像一朵盛开的花
4. 孩子们穿梭在充满植物的景观亭中，利用想象力创造自己的“节目”

Wakehurst

有没有想过种子里发生了什么？韦园能带你了解这里的植物生长、面临的挑战以及生活在这里的动物。

英国的植物园不只将收集植物品种作为一门科学来研究和探索，也将植物作为艺术品和收藏品从而让孩子们和普通的家庭得到来自自然界的艺术熏陶，以及生命的轮回与演绎中的故事。每个季节，植物园都会举办各种应季的展览和主题活动，比如花园冒险、森林徒步、观察种子生命、收集资源等，让全民参与到植物园建设中，这种园艺事业和生物生命学科的普及使得英国的园艺技术、园艺资源得到良性的发展。

Moors Valley Country Park and Forest

摩尔山谷乡野森林公园

这是一个大自然的游乐场

也是适合全家人轻松、愉快地度过周末时光的森林公园

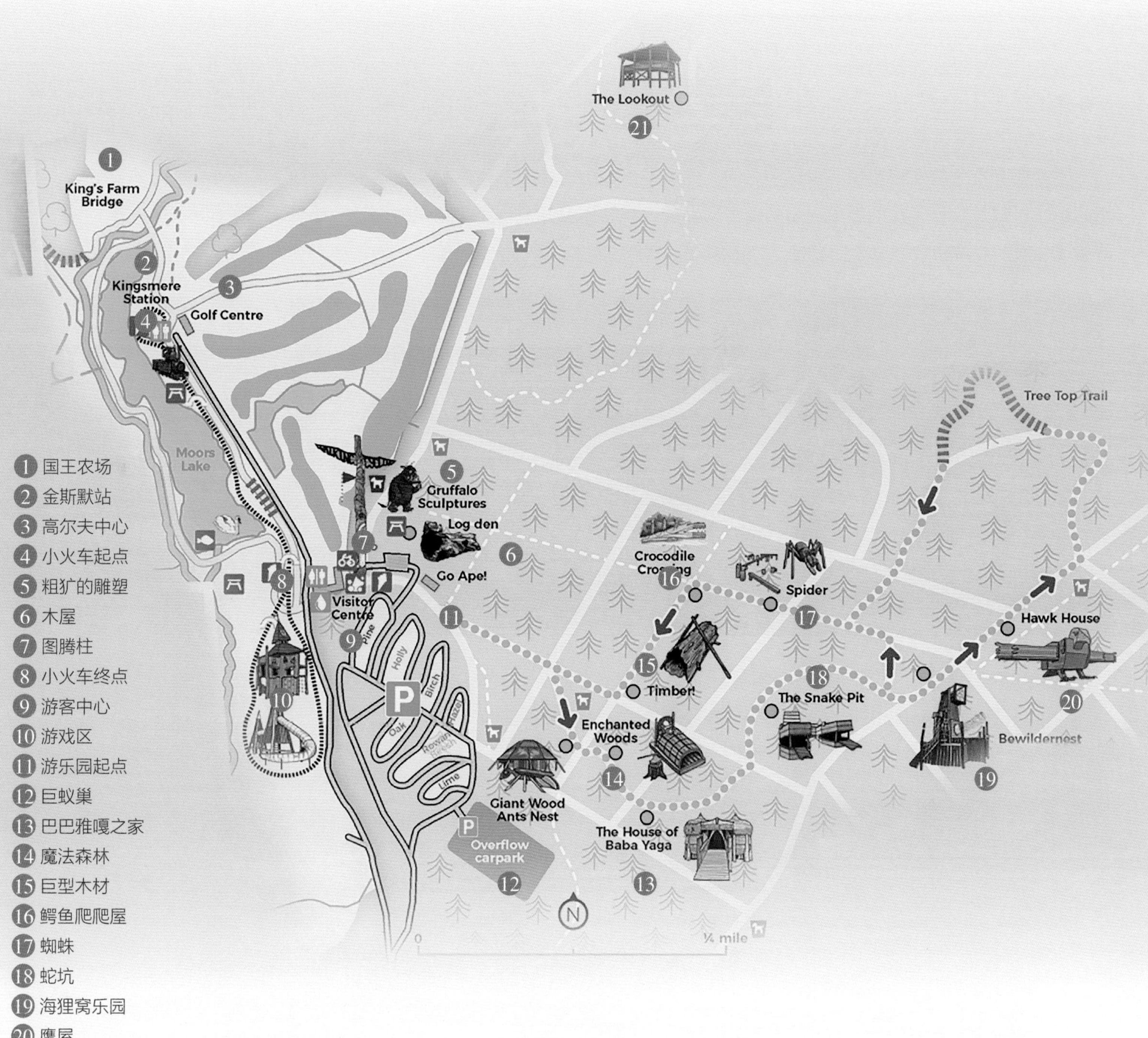

1 国王农场
2 金斯默站
3 高尔夫中心
4 小火车起点
5 粗犷的雕塑
6 木屋
7 图腾柱
8 小火车终点
9 游客中心
10 游戏区
11 游乐园起点
12 巨蚁巢
13 巴巴雅嘎之家
14 魔法森林
15 巨型木材
16 鳄鱼爬爬屋
17 蜘蛛
18 蛇坑
19 海狸窝乐园
20 鹰屋
21 瞭望台

摩尔山谷乡野森林公园早期是一个占地仅82英亩（约33公顷）的农场，1984年被温伯恩镇和区议会收购。开发了9洞付费高尔夫球场、窄轨蒸汽铁路、游乐区、湖泊和游客中心。后来公园越来越受欢迎，不断扩大，已经成为一个拥有儿童游乐区、自行车租赁中心、高空训练课程和定向运动课程的公园。

摩尔山谷乡野森林公园是一个包容性非常强的公园，每一个年龄段的、拥有不同需求的游客都可以在这里找到吸引他们的东西和符合各种年龄层次游客的设施。这是一个满足大众化需求的公园，每个有孩子的家庭应该都喜欢这里。

公园拥有自己的文创形象，来自著名的英国绘本作家唐纳森的系列作品《咕噜牛小妞妞》，故事里的小妞妞通过自己丰富的想象得出咕噜牛的形象。作品本身就是小妞妞去森林探险的故事，和公园的场地地貌都非常吻合。

1. 森林为背景，木屑为路面，实木的原生态设施深受孩子们喜欢
2. 英国绘本作家唐纳森的系列作品《咕噜牛小妞妞》中的咕噜牛形象
3. 故事中出现的蛇、蚂蚁、蜘蛛等都被设计成生动的游乐设施或小品
4. 各种木质设施

它是原始的，也是充满趣味的，所有的活动都是在森林中进行的，生态、自然的布局和人工活动的镶嵌，都增加了这个公园的可玩性。包括主题形象小妞妞一路上见到的蛇、蜘蛛、猫头鹰、小老鼠……都在这里化为孩子们爬、钻、攀的道具，设计得精心且巧妙。阳光穿过树林“打”在木质的设施上，温暖又充满活力。

树顶公园区域以多变的行走路线让公园充满探险的乐趣，增加了公园的可玩性，同时这里还设置了丰富的定向运动。

1. 所有游乐器材都是原生态木质的，散落在森林里，非常环保生态
2. 这里是天然的乐园，一切都与自然有关

1. 利用原生树木开展各项活动
2. 一家人带上宠物可以在这里度过美妙的一天
3. 开展高空运动课程

这个公园在本书中是很特别的存在，它的定位和公园策划相对于其他公园而言，更偏重“玩”的属性，因此游览线路组织串连、“玩”的项目和体验感都变得至关重要。

因为时间有限，包括自行车之旅、湖边体验和专门针对宠物的线路，我们都没有体验。虽然只是比较粗略的游玩，但是“窥一斑而见全豹”，我认为一个家庭在这里待上一天，是完全不会厌倦的，而我们的具有同等条件的公园，需要用更合适的设计让公园焕发出新的生命。

Sheffield Park and Garden
谢菲尔德公园花园

来此就是为了

与水面光影美景有一场完美的邂逅

建筑设计师：詹姆士·怀亚特（James Wyatt）

园林设计师：朗塞洛特·布朗（Lancelot Brown）和汉弗瑞·雷普顿（Humphry Repton）

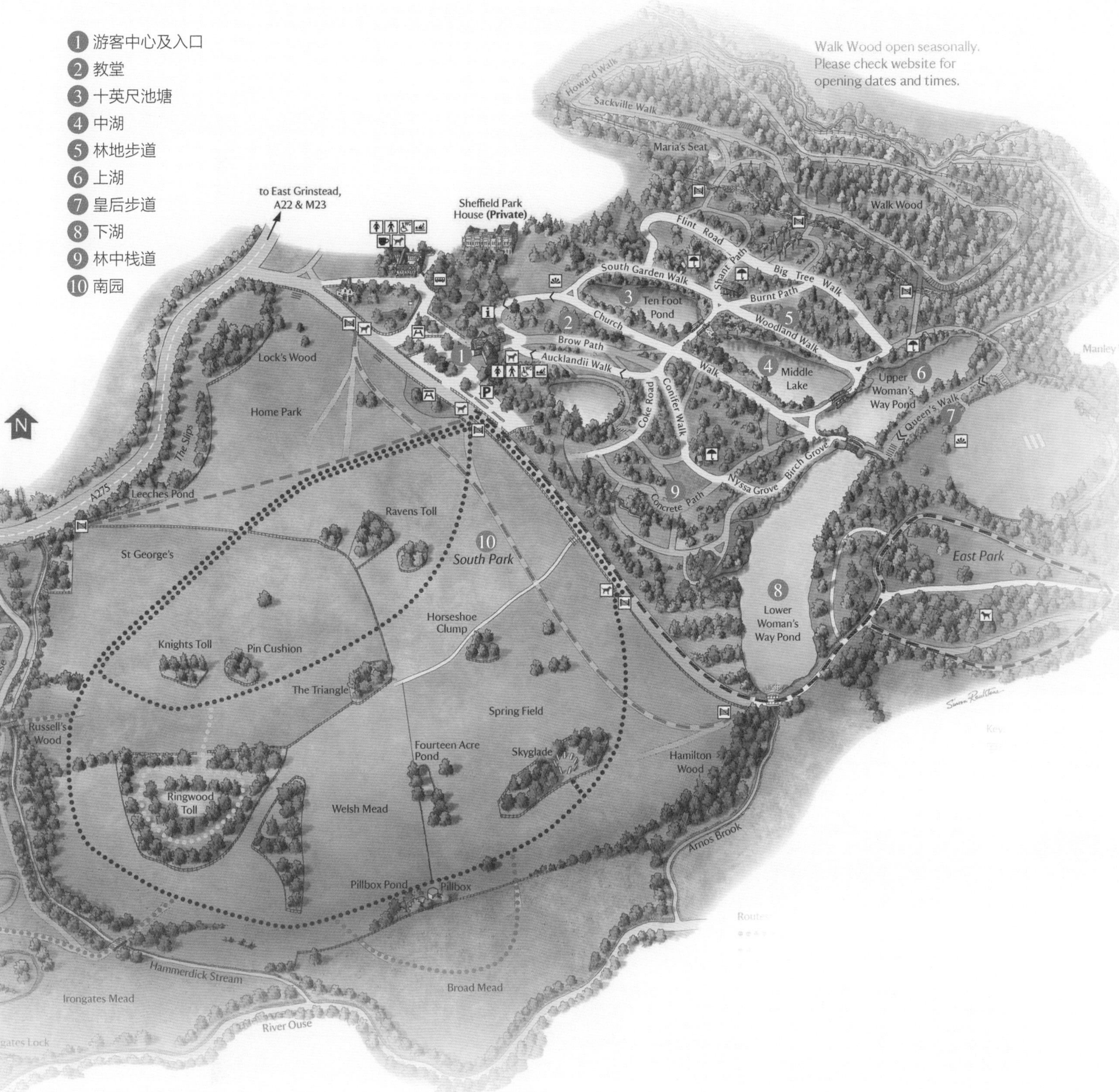
1 游客中心及入口
2 教堂
3 十英尺池塘
4 中湖
5 林地步道
6 上湖
7 皇后步道
8 下湖
9 林中栈道
10 南园
Walk Wood open seasonally.
Please check website for
opening dates and times.
Howard Walk
Sackville Walk
Maria's Seat
Walk Wood
to East Grinstead,
A22 & M23
Sheffield Park
House (Private)
Flint Road
Shant Path
Big Tree Walk
South Garden Walk
Burnt Path
Ten Foot
Pond
Church
Woodland Walk
Brow Path
Aucklandii Walk
Walk
Middle
Lake
Upper
Woman's
Way Pond
Manley Woods
Queen's Walk
Coke Road
Conifer Walk
Lock's Wood
Home Park
The Slips
A275
Leeches Pond
Nyssa Grove
Birch Grove
Concrete Path
Ravens Toll
South Park
St George's
East Park
Lower
Woman's
Way Pond
Horseshoe
Clump
Knights Toll
Pin Cushion
The Triangle
Spring Field
River Ouse
Russell's
Wood
Fourteen Acre
Pond
Skyglade
Hamilton
Wood
Ringwood
Toll
Welsh Mead
Arnos Brook
Pillbox Pond
Pillbox
Hammerdick Stream
Broad Mead
Irongates Mead
River Ouse
Irongates Lock

谢菲尔德公园位于英国南约克郡，占地面积约81公顷。18世纪晚期，詹姆士·怀亚特（James Wyatt）为谢菲尔德第一伯爵设计了装饰华美的哥特式建筑，就是现在人们所看到的湖泊尽头的住宅。造园家布朗和汉弗瑞·雷普顿协助谢菲尔德第一伯爵进行造园工作。

谢菲尔德公园花园最著名的是园内四个如明珠的湖泊串联起唯美的风景，画面感十足，湖泊大小高低不等并以数道小瀑布相连。低调的入口小木屋掩映在树林中，有种先抑后扬的美妙。

“青山不墨千秋画，绿水无弦万古琴。阅尽千帆心为镜，谢园春光迷人眼。”上湖尽端的18世纪洛可可式建筑依然和湖光相映，光影与色彩绝配，林冠线与天地水融合。

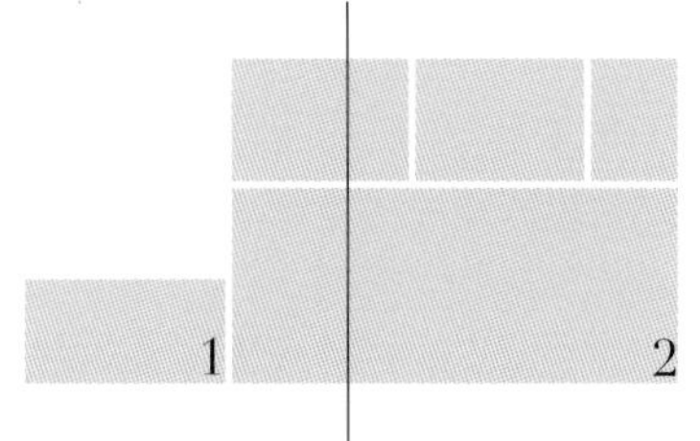

1. 水一直是谢菲尔德公园景观的关键元素
2. 谢菲尔德公园的秋色世界闻名。每到秋天，公园好像一幅浓墨重彩的油画

植物在花园里是绝对的主角，构成了完美的风景林冠线、湖景线、倒影线和四季线。路上悠闲的人们及湖中的天鹅等都沉醉在迷人的风景里。沿湖泊园路展开考察，整个花园以缤纷变化的植物色彩与湖泊形成的天地景象而闻名英国甚至世界。

绒毯般的草坡，风景极佳，在这里铺张野餐布，然后席地而坐，深吸一口清新空气，放松心情，享受谢菲尔德自然的雅致生活。谢菲尔德公园花园像是上帝的调色盘打翻在了湖边，水面上天鹅、野鸭的诗意栖息，静静地享受它们的世界，悠闲又自在。它们不害怕人类，即便你靠近，它们也不会躲闪，人、动物与植物……构建起和谐的世界，生物多样性在这里得到完美体现。

游走在春花春景的四个潋滟湖泊边也有一种惬意。世界各地的植物在此欢聚。园中也有很多植物引自中国，如水杉、灯笼花等。树丛配置以树形挺拔的松树为主景，古老松树的形态、色彩层次、林缘线、林冠线及空间关系等各方面都可称为植物配置中教科书式的经典。

“纵然谢园景为伴，执意读书湖比邻。水墨桃园水为镜，淡泊心灵落下凡。”湖泊中的倒影，岸边植物的搭配、借景，在处处是景的花园中，人也是景。我感慨谢菲尔德公园花园似乎是西方的油画，又仿佛是东方的水彩画。这里仿若上帝打翻了调色盘洒向人间抑或是痴迷园艺师、造园师的天力杰作。在我的眼中尽是园艺的天然般美学：如植物与光影、水之间的组合美学，如杜鹃、枫树是该花园春天里的绝对梦幻组合，来此就是为了能与水面光影美景有一场完美的约会。

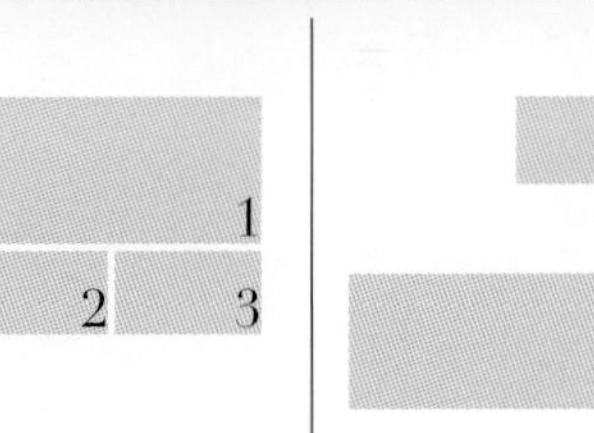

1. 沿湖植物群落组成了完美的林冠线
2. 春天高大的百年杜鹃成为公园内最亮眼的色彩
3. 植物群落配置的经典范例
4. 水光潋滟，岸上春色醉人
5. 植物搭配出流动的空间美感

这里的滨水植物配置是全世界植物设计师的最爱，因为你可以从不同视角来审视这些风景植物组合，无论视角怎么转换，滨水植物景观都会不断变化出一幅幅图画，呈现出流动的空间美感。

在谢菲尔德公园建园之前即15世纪中叶，该地由放羊的牧场改为鹿园。而到了1730年，德拉·沃尔伯爵对鹿园采用当时流行的花园营造形式进行风景园林的改建设计，长长的种植了橡树和白蜡树的林荫道，成排的板栗、核桃和樱桃树等一直延伸到花园东面。1745—1769年，他建造了一个湖，即现在看到的上湖、下湖的区域。1769年，德拉·沃尔伯爵把谢菲尔德公园卖给了谢菲尔德第一伯爵。

1776年，谢菲尔德第一伯爵约请布朗为其设计现在位于西部的第一大湖——上湖。1883年，谢菲尔德第三伯爵在上湖与“中湖”之间建立了瀑布和假山。这样，所有的花园通过水这个造园的灵魂元素融洽地连接起来，终于创造了一个美景如画，晚霞与水鸟齐飞、水木共长天一色的绝美风景园。

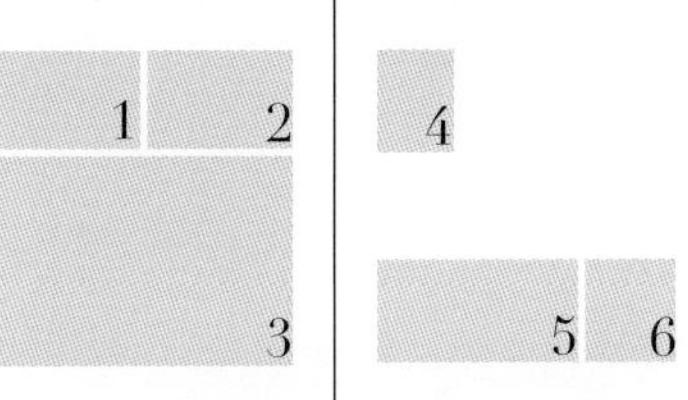

1. 秋天金黄橙红一片
2. 红的艳红，绿的鲜绿
3. 虽由人作，然宛如天开。历史资料描述谢菲尔德公园花园最动人的是春景秋色，今天让我们实实在在饱了秋天美景的眼福
4. 层层叠叠的树林斜阳，茂密而鲜艳的灌木以及摇曳的草丛
5. 各色杜鹃开满蹊，千枝万枝压枝低
6. 20 世纪的沧桑桥梁，让人有一种在时间维度中穿梭的感觉

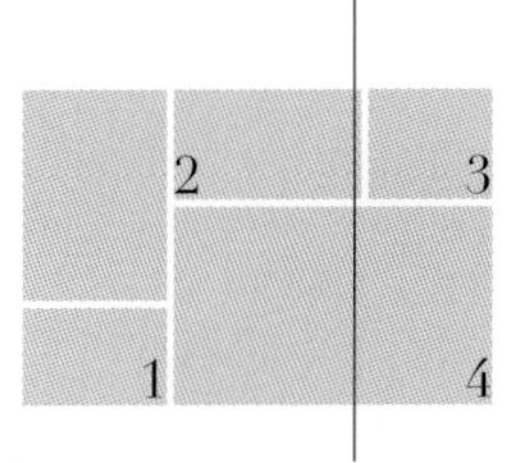

1. 明媚的阳光下，时光细水长流
2. 景观小品也做得别出心裁，取材源自自然，造型回归自然
3. 树叶造型的花园科普指示牌
4. 上百年的高山杜鹃，爆发出生命的力量，燃烧生命的火花

迷失在园路两侧色彩缤纷的重叠植物配置中，尺度是那么的亲切近人，让人觉得十分的舒适，有种被花园立体包裹的感觉，美得让人“窒息”。真是乱花渐欲迷人眼，踏花归去马蹄香。

“华木映春潭，天水共一色。春鸟凫水绿，游学醉荻兰。”我在想倘若能在此牵着另一半的手，游荡在诙谐浪漫的花园中，时而芳香，时而有花瓣落下，落在他或她的头上，这种感觉想必终生难忘。

“灿若云锦水花园，云湖树影鸭先知。古树参天花为影，春花秋色云为伴。”

1. 入秋，湖面上仍然可见夏天的影子
2. 厚厚的落叶成为秋天的注脚，人们在秋色花园中漫步
3. 母亲和孩子在草地上捡拾落叶，体会春华秋实的季相变化

园路两侧令人瞠目结舌的鲜艳亮丽的高山杜鹃，人们更惊叹于这里的参天大树只能以仰视，真叫一个春色满园关不住，我愿万里来赏园。

而秋色如画般的诗意，让我们更加感受到植物景观独特的魅力。

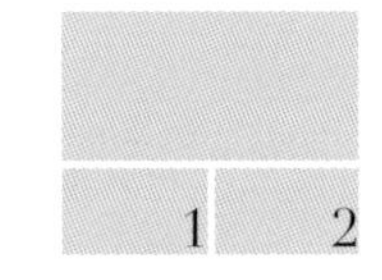

1. 沉浸在金黄的秋色中
2. 融入春景的各种珍稀杜鹃

Sheffield Park and Garden

从谢菲尔德公园花园（谢园）近乎完美的自然式风景里，我们设计师还是要坚持植物设计的自然观，坚持水墨山水的情怀，坚持看似简单、实则耗费功力的设计。

当我看着特别“色”的杜鹃花，特别“美”的林冠线，特有“范”的湖岸线，再看着特别有活力的空间，园林工作者每次满满的收获中都有一种奋发的信念，有一步步深深地丈量的勇气，更有一次次心灵的感悟。

在阅尽千帆心为镜，谢园春光迷人眼中，我们也需要进行反思，一方面英国有近十万种园艺品种，另一方面英国很多花园也是虽由人作、宛若天开，所以我们园林人决不能故步自封，坐井观天，要在谦卑学习中找出园艺品种培育、设计、营造方面的差距，进而营造人地和谐的自然画面般的中国自然园林景致。

谢菲尔德公园花园，期待与您再会！

Sir Harold Hillier Gardens
哈罗德·希利尔爵士花园

我们的使命是：

“激发绿色生活空间——无论是现在还是未来。”

——希利尔家族座右铭

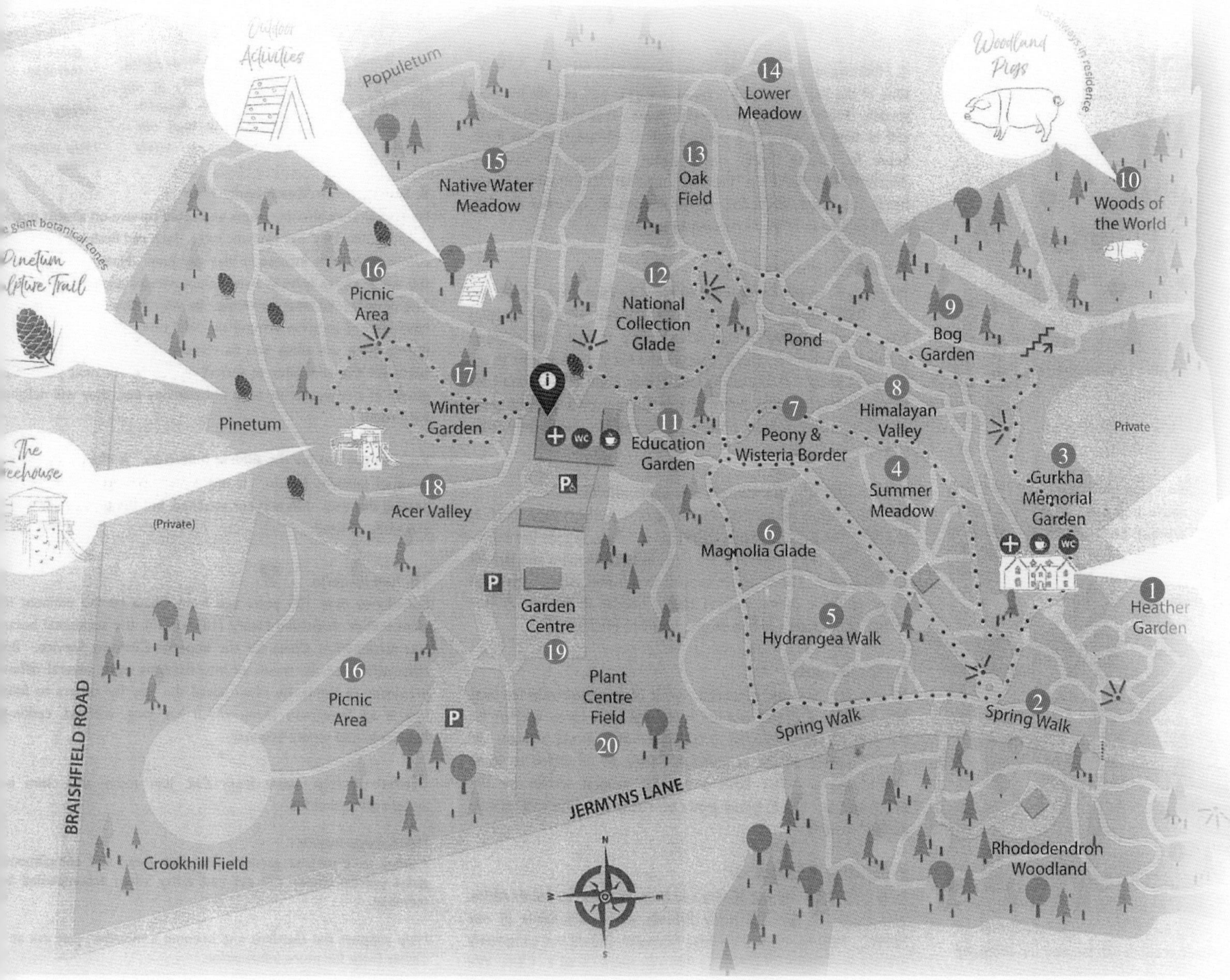

1 石楠花园
2 春日步道
3 古尔卡纪念堂
4 夏季草甸
5 绣球花步道
6 木兰林
7 牡丹与紫藤花境
8 喜马拉雅山谷
9 沼泽园
10 世界之林
11 教育学院
12 林间空地
13 橡树田
14 草甸区
15 原生水草甸
16 野餐区域
17 冬日花园
18 槭树谷
19 花园中心
20 植物田

这座花园原名为希利尔植物园，由哈罗德·希利尔爵士（Sir Harold Hilllier）于1953年开始建园，后改名为哈罗德·希利尔爵士花园。哈罗德·希利尔爵士非常热爱收集植物品种，环游世界进行植物探险，收集了种类丰富的乔木、灌木以及一些珍稀花草。这完全体现出英国人对于花草的热情。和很多英国花园一样，你很难想象植物园的前身和雏形是一个私人花园 。

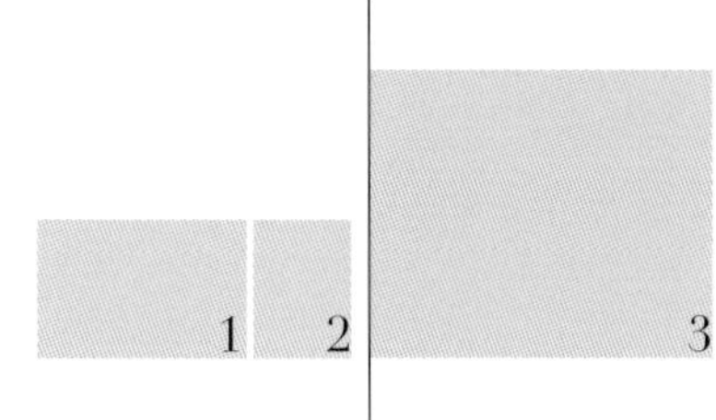

1. 入口处的猫头鹰雕塑很有张力
2. 老鹰雕塑的材质让其在整个绿色大环境包裹下，仍非常耀眼
3. 主体建筑是醒目的白色

植物园已历经五代，在英国切尔西花展上保持着奖牌数量的世界纪录——截至2019年连续获得74枚。希利尔家族一直致力于成为园艺领域的先锋，苗木培育在英国，乃至世界都有一定声誉和地位。

整个公园有100多座雕塑。这是一大批不同寻常的艺术品，它们有的掩映在花境中，有的单独形成一个焦点，以自然、生态、环保为主题。与公园内丰富的植物品种相辅相成，彰显希利尔家族不凡的艺术底蕴。

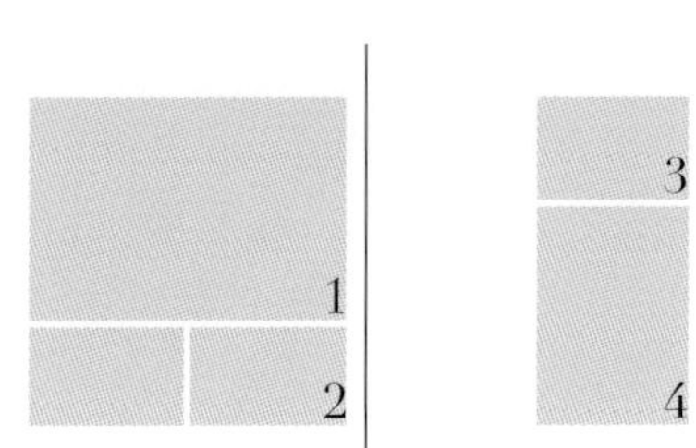

1. 混合花境是希利尔植物园的特色
2. 整个夏天可以看到矢车菊、大丽花、天竺葵、薰衣草、桫椤、海葵等多年生花卉
3. 亭子是停歇的构筑物，奇特的造型也是视觉的焦点
4. 混合花境的色彩搭配鲜艳夺目

将近180英亩（约73公顷）的花园里种植着上万个品种的植物，拥有冬季花园、池塘和湿地花园、树屋、喜马拉雅谷花园、世纪花坛、春季走廊、枫叶谷等。丰富的植物品种，让花园一年四季都很有看点。冬天有冬季花园可以看，4月有盛开的木兰花围绕着主体建筑，4～5月有球根类的郁金香、洋水仙，还有春季走廊的杜鹃花开遍山野，夏季世纪花坛开着各种各样的宿根类，秋天则可以看红黄色彩斑斓的枫叶谷。

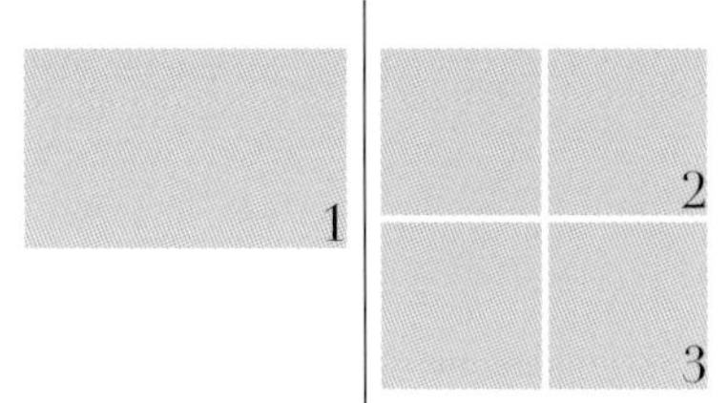

1. 游客穿梭在花境中驻足观赏
2. 雕塑是园内一大亮点，各种时期各种雕塑家的雕塑都可以找到
3. 上万种植物在这里云集

PLANTS OF
CURRENT
INTEREST

1. 植物园标识系统非常细致，科普价值极高
2. 植物园拥有非常专业的园艺师，也很乐意和园艺爱好者交流
3. 植物园中的植物售卖点，游览完可以把喜欢的植物带回家

Hillier

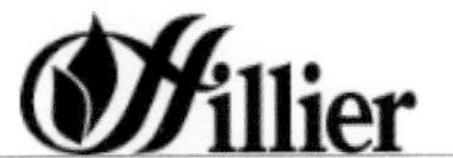

我对花园有两点突出印象：一是这个植物园大大小小的雕塑，有古典、有现代，有抽象、有具象，点缀在花草中搭配得格外巧妙。有些雕塑利用材质的变化，以周边花草映衬，这些雕塑不管体量还是质感都让整个植物园增添了许多艺术气息。

二是植物园对于科普的重视，这一点韦斯顿伯特植物园也做得特别好，植物和群落的介绍，以及品种的认知都值得我们学习和借鉴。

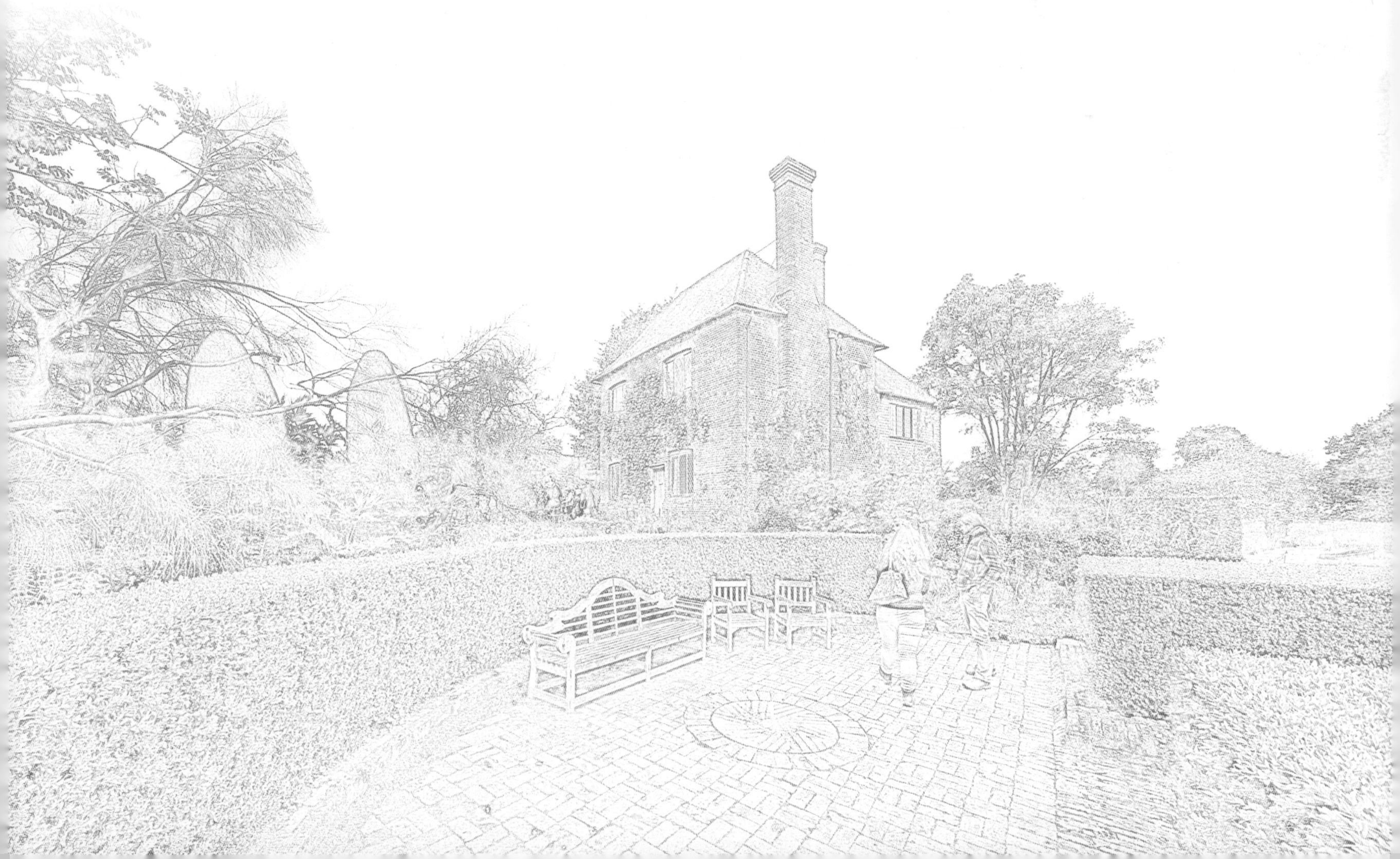

Stourhead Park
斯托海德风景园

秋天的斯托海德风景园

古朴的城堡、金色的丛林、澄澈的湖泊

大自然的美在这里四季上演

1 访客接待处
2 商店和餐厅
3 展鹰客栈和冰激凌店
4 花园入口
5 弗洛拉神庙
6 石窟
7 哥特式小屋
8 万神殿
9 岩石拱门
10 阿波罗神庙
11 岩石隧道
12 帕拉迪安桥
13 方尖碑
14 展览会场
15 探索中心

斯托海德风景园是英国自然风景园的巅峰之作。花园建于1745—1761年，由建筑师亨利·霍尔（Henry Hoare）和亨利·弗利克洛弗特（Henry Flitcroft）建造，前者设计了周长约3千米的湖区和周围的植物，后者设计了阿波罗庙宇等。公园以罗马诗人维吉尔（Virgil）的《埃涅伊得》（*Aeneid*）为背景的，湖泊象征着地中海。建筑师其实是以空间的形式重新书写了这部史诗，赞美罗马文明的诞生。徜徉其中尚觉得设计师努力的方向，文化与文明、自然与生命在这里得到诠释。

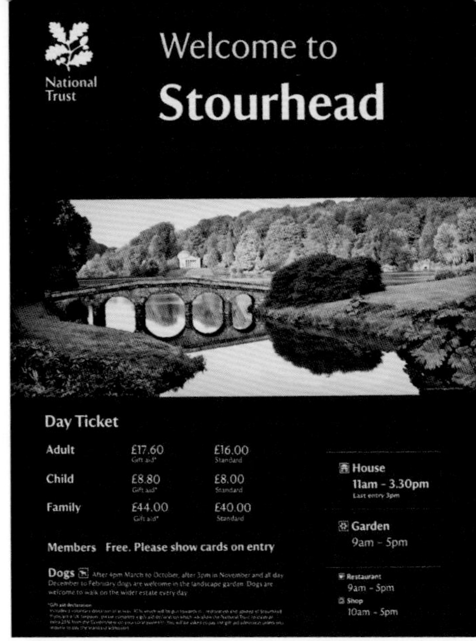

1. 基金会的管理细微倍至，值得国内精品花园管理参考与学习
2. 初秋，真不知道是整个城堡涂上了一层五颜六色，还是这些五颜六色包裹了整个城堡
3. 园中的湖泊水体象征地中海，而其间的陆地上修建了大量精美的古罗马神庙，以此来赞美罗马文明的诞生
4. 火红和金黄是秋天最耀眼的颜色
5. 帕拉第奥桥从任何角度看都非常和谐美观
6. 春天早晨的第一缕阳光，令人仿佛置身于克罗德·洛兰的风景画中

斯托海德风景园诞生于感伤主义园林盛行时期。这时期，英国浪漫主义兴起，古典的、异域的东西，往往能引起贵族们极大的兴趣，这种对古典风尚的“怀旧”情结，是这一时期英国自然园林景观的显著特点。整个风景园最为精妙的是利用了大面积的湖水和植物让整个园林格局变得开放。

斯托海德风景园并没有太多的小品建筑，可每一个小品都是那么的恰到好处，如下图的框景，不同于中国园林，英国园林更回归自然，英国迷人的自然乡村风格在这里被展现得淋漓尽致。

著名建筑师亨利·弗利克洛弗特被委任设计万神殿。1753年，威廉·普拉特（William Privett）开始使用奇尔马克镇（Chilmark）石灰石建造一座砖和木材支撑的圆顶建筑。原本被称为大力神殿，因为它是由莱斯布莱克（Rysbrack）创造的大力神雕像的所在地。万神殿可以从湖边观赏，它是这个世界著名公园的标志性建筑。而以前是被霍尔家族用来放松，也作为招待客人的地方。

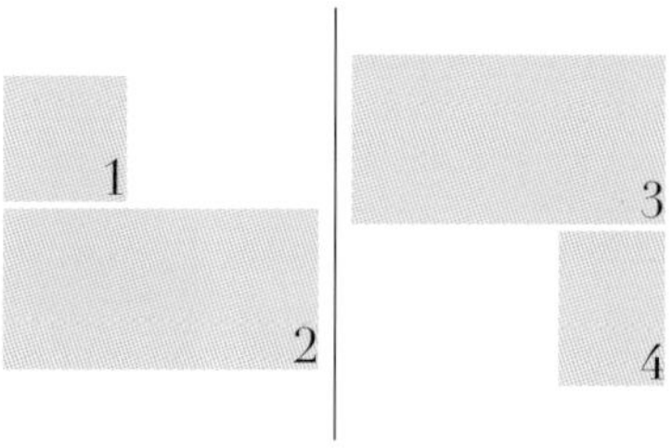

1. 湖岸边的大树巧妙的形成框景
2. 沿湖优美的弧线，湖水、植物、万神殿以及参观者，都成为画面的组成部分
3. 阿波罗神庙地势较高，三面树木环绕，前面留出一片斜坡草地，一直伸向湖岸边
4. 阿波罗神庙是由亨利·弗利克洛弗特设计的，具有古典美

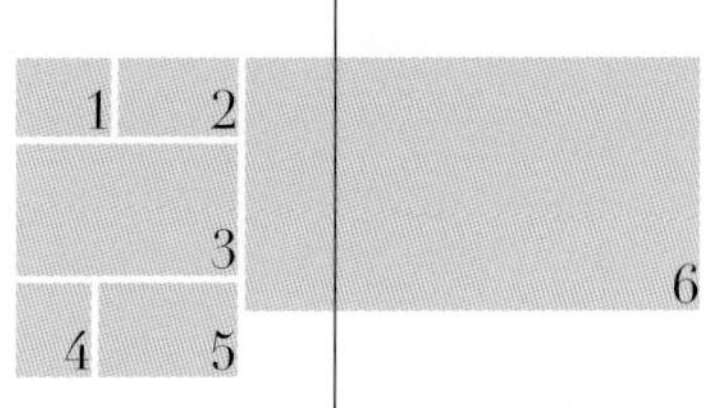

1. 2005 年电影版的《傲慢与偏见》中男女主角雨中会面的场景就在阿波罗庙中拍摄
2. 斑驳的外表记录了岁月的痕迹
3. 花草植物拥有从容不迫、自然而然的风韵
4. 古典建筑的存在提醒游客这是一座英国风景园
5. 散步到草坪，靠在湖边座椅的椅背，感受阳光洒下的每一寸土地，呼吸着伴有植物散发出的香味的空气
6. 在这里惬意地喝杯英式下午茶最合适不过

沿着湖边，移步异景。英国园林的优势在于其优越的气候条件，特别在英国西南部，大部分植物在这里都可以生长。秋天的英国园林是最美的。不同种类的树木花卉交错种植，使得颜色搭配恰到好处。

斯托海德风景园里有非常多的鸟类，他们现在是这片土地的主人，享受着这里美丽大自然与人工结合的无限风光。

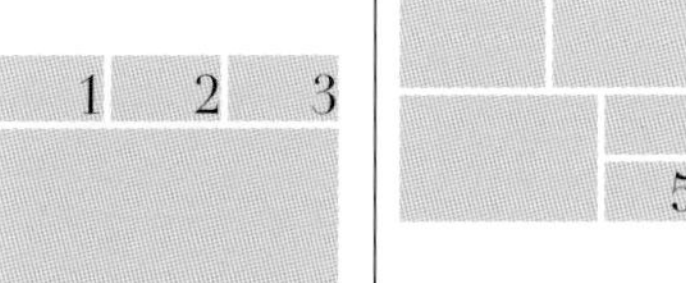

1. 秋季的浓墨重彩，斯托海德风景园一直是植物爱好者的圣地
2. 很多绘画爱好者在这里写生
3. 世界各地的园林爱好者慕名而来
4. 因为比例尺度适宜，无论何时行走在斯托海德风景园里都是一种享受
5. 各种动物在这里自由自在的生活，让人颇为羡慕

1. 阿波罗神庙建在高高的山坡上，总能在各种角度成为视觉焦点
2. 公园内零星点缀的建筑
3. 主体建筑背后的小型平台

1 2 3 4 5 6

1. 总有一张面朝风景舒适的椅子让人想要歇歇脚
2. 湖边高大乔木和人的对比，就知道它们在这里生长了多少年
3. 游客在湖光山色中领略名胜古迹的沧桑和优雅
4. 爬满墙面的红叶
5. 浓浓秋意下万神殿像从草地里长出来一般，和环境融为一体
6. 优美的湖岸线，各种叶色的植物，构建起精彩绝伦的深秋

1. 室内的陈列物品，每件物品都像在讲述一个当年的故事
2. 富有趣味性的小木马标识
3. 斯托海德风景园里面有条著名的狗狗散步路线，标识系统让人会心一笑

Stourhead

这是一个世界自然风景园的典范，漫步在“世界最美十大园林”中，体会设计师们营造的诗意山水、潋滟的空间尽染的层林，犹如置身风景油画一样美的不可自拔。其实万般都源于大自然，我想每一次的设计都是源于对自然的敬畏，源于对生活的、对花园的美好寄托。这是一个源于自然的风景园，是一个人文历史相互交融在一起的风景园。

Stowe Park
斯陀园

在秋日的夕阳余晖下

穿过金光闪闪的湖泊

漫步在微风吹拂着的花园中

清新的空气里不时掠过清脆的鸟啼声

园林：查尔斯·布里奇曼（Charles Bridgeman）设计
威廉·肯特（Kent William）补充
朗塞洛特·布朗（Lancelot Brown）改造

LABYRINTH
UPPER COPPER BOTTOM
Golf course (not NT)
Stowe School only
ELEVEN ACRE LAKE
Golf course (not NT)
GURNET'S WALK
PEGG'S TERRACE
PADDOCK COURSE WALK
GRECIAN VALLEY
ELYSIAN FIELDS
OCTAGON LAKE
HAWKWELL FIELD
Stowe School only
BELL GATE DRIVE
LAMPORT GARDEN
1 科林斯拱门
2 农场花园
3 新酒店
4 钟楼
5 友谊之殿
6 中式住宅
7 布朗跌水
8 帕拉迪安桥
9 英国值得纪念人物神庙
10 哥特式神庙
11 撒克逊女神
12 科巴姆勋爵纪念柱
13 皇后神殿
14 参孙和非利士人雕塑
15 田园诗歌神殿
16 跳舞的牧神雕塑
17 角斗士
18 大力神安泰雕塑
19 康科德胜利神殿
20 石窟
21 四季喷泉
22 库克船长山丘
23 贝壳桥
24 木桥
25 康格里夫纪念碑
26 查塔姆勋爵墓地
27 卵石凉亭
28 东湖阁
29 西湖阁
30 跌水和人工废墟
31 枕木
32 多里奇拱门
33 古德神殿
34 格伦维尔船长纪念柱
35 哥特式十字架
36 圣玛丽教堂
37 乔治二世国王雕塑
38 斯陀园宫殿
39 迪多洞穴
40 圆形大厅
41 修道院
42 维纳斯神庙
43 瀑布
44 卡洛琳皇后雕塑
45 罗马摔跤运动员雕塑

斯陀园位于英国白金汉郡，建造于18世纪上半叶，为科伯姆（Coblham）勋爵所有。斯陀园先后由查尔斯·布里基曼、威廉 ·肯特和兰斯洛特·布朗设计、补充和改造。它是自然风景园的一个杰作，也是首先冲破规则式园林框架，走上自然风景式园林道路的一个典型实例。

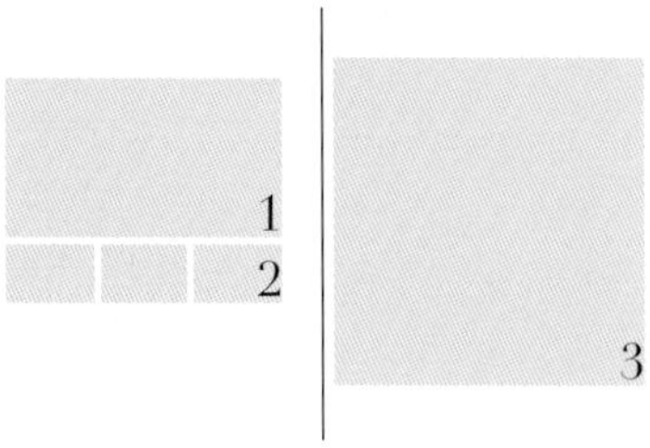

1. 步行经过神庙，金黄色的树木群衬托着神庙米黄色的建筑
2. 斯陀园占地面积广阔，是诞生于 18 世纪的风景园。花园的第一位主设计师是查尔斯 · 布里基曼，修建了一个非常规整的花园，线条笔直
3. 从湖面上远观凉亭，大片的缓坡草坪成为花园的主体

1 2 3
4

1. 可以看到当年规则花园式的对称，以科林斯拱门为轴线
2. 水体设计以自然驳岸为主，营造出舒缓宁静的气质
3. 身临其境，英国风景园就像风景油画一般
4. 秋水共长天一色，玫瑰色、金色的晚霞折射在金黄的树叶上，理想的人间伊甸园

斯陀园第一次设计的时候是很正式的花园湖，并不是这样的下沉式湖泊，布里基曼建造斯陀园时，设计风格延续着17世纪80年代的巴洛克规则式园林，未完全摆脱法式园林的影响。不再是严格的对称，运用非整型对称的种植方式及线条柔和的园路，轴线以外空间由弯曲自由的园路划分。接下来的一位设计师是威廉·肯特。他开始设计新花园，这个时期的设计摆脱规则式园林布局，成为自然式风景园林，肯特将直线改为柔和的曲线，将水池改成自然水景，并进行地形营造，有了舒缓的坡度。然后就是布朗时期，布朗是斯陀园的最终完成者，经过他的改造，形成了如今宏大、开阔的斯陀园。

如今斯陀园这些经典的景点中，保留着的一道“隐垣”，是布立基曼的杰作，将园外自然风景引入园内。爱丽舍田园山谷里的新道德神庙是肯特设计的。希腊峡谷则是布朗主持设计的，大片舒缓的草地上分布着自然的树丛和林带，开阔明朗，让人心旷神怡。

1. 远眺 16 个半身像神庙
2. 白色木桥串联起一个个陆地
3. 斯陀园中经典的水面和岸线处理

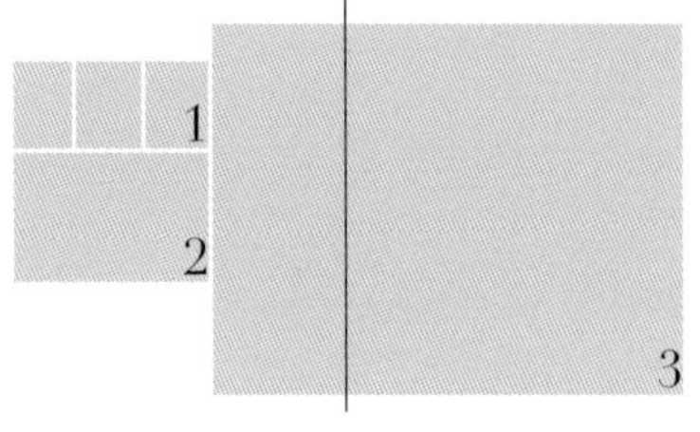

1. 帕拉迪安桥两侧不同的风景与华丽的天花板
2. 复古又华丽的廊桥成为斯陀园的标志
3. 不同角度看桥体都是精美的

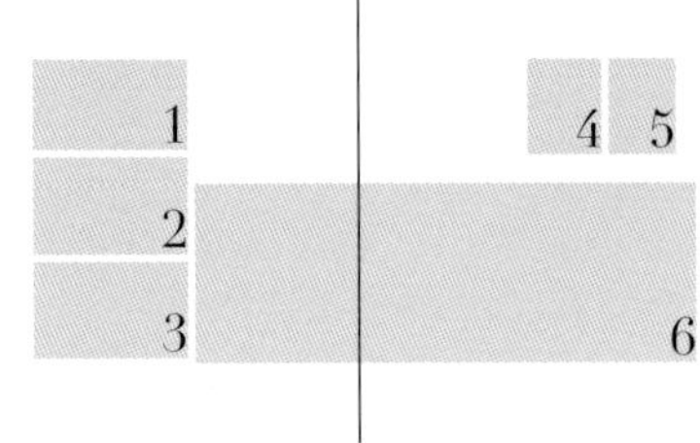

1. 暮色下的哥特式神殿与古老的大树，仿佛穿越了几个世纪
2. 维纳斯神庙
3. 蜿蜒的小路绕过古德神殿，略微高起的地形，让神殿成为视觉焦点
4. 多立克式拱门
5. 格伦维尔纪念碑
6. 斯陀园宫殿，曾经是汉诺威宫廷乔治一世和二世国王的反对党人的重要活动中心，激进的建筑师在斯陀园建造了一座反映其政治和哲学思想的庄园

斯陀园内还有英国历史上值得纪念的人物神庙，最初设计于1735年，它拥有16个科巴姆勋爵认为值得纪念的著名人物半身像。当你沿着著名的面孔参观时，你会发现其中15个是男性，只有1个是女性，她就是伊丽莎白一世。

1. 跌水和拱桥
2. 白天鹅享受着这里的如神话故事里才有的风景
3. 大自然默默地滋养着我们，滋养着这里的一切

Stowe

斯陀园脱胎于17世纪英国的规整优雅，在18世纪时成为自然景观主义的典范。整个园林通过园内外借景，通过水面的开合，通过大草坪和其上的建筑雕塑，更通过林中、湖边的蜿蜒小径、桥上的塔楼对景等形成空间变化的园林。所以斯陀园率先运用非整型对称的种植方式及线条柔和的园路，不再使用植物强修剪雕刻艺术。同时为了形成建筑与园林相和谐的整体效果，在一个世纪的建设过程中，许多建筑师和造园师参与这项伟大的工作，从形式与风格上经历了数次改造和演变才形成这样一个自然主义园林的典范。

The Bressingham Gardens
布瑞辛罕花园

传承三代人、60 多年历史、占地 6.9 公顷

8000 多种植物、6 个主题花园

花园爱好者们一定不能错过

Overflow Carpark
Gap Meadow
To Overflow Carpark
Adrian Bloom's Foggy Bottom Garden
Miniature Railway
Standard Gauge Railway
Overflow Carpark Entrance/Exit
Dad's Army Museum
Gallopers
Main Locomotive Shed
Reserve Locomotive Shed
Entrance
Cafe
Signal Box
Events Car Park
High Barn
Adrian's Wood
Fragrant Garden
Private
Fen Railway
Entrance to the Gardens
Bressingham Hall & High Barn not open to garden visitors
Bressingham Hall
Entrance to Museum, Shop & Gardens
Garden Railway
Museum Coach Park
Summer Garden
Winter Garden
Alan Bloom's Dell Garden
No Entry
To Diss
A1066
To Thetford
1 燧石桥
2 观赏池
3 避暑别墅
4 巨红杉
5 备苗区
6 四季花园
7 日本花园
8 避暑别墅
9 迷迭香属和塔型植物花园

位于英国诺福克郡，由艾伦·布鲁姆（Alan Bloom）创建于1946年。艾伦·布鲁姆是第一个采用岛式花境种植草本植物的英国园艺师。之后布鲁姆家族三代人都将毕生的精力和对花园植物的热爱奉献给了布瑞辛罕花园。

创始人艾伦在家附近种植了花境作为边界，却发现边界后方高大的多年生植物正在不断地向前推移。如何做一个不需要太多维护的花园呢？于是他提出了岛式种植床（island beds）的革命性概念——在草地上划分出想要的区块，并把高大的多年生植物种在其中，看上去就像一个个岛屿。1962年，当花园首次向公众开放的时候，园内已经有400多公顷的土地，种植了近5000种不同的植物。这样你就明白这个花园的惊人之处了。

随着时间的变迁，这个花园越来越展现出它惊人的魅力，让我印象深刻的有雾谷花园、夏日花园、芳香花园和冬季花园。

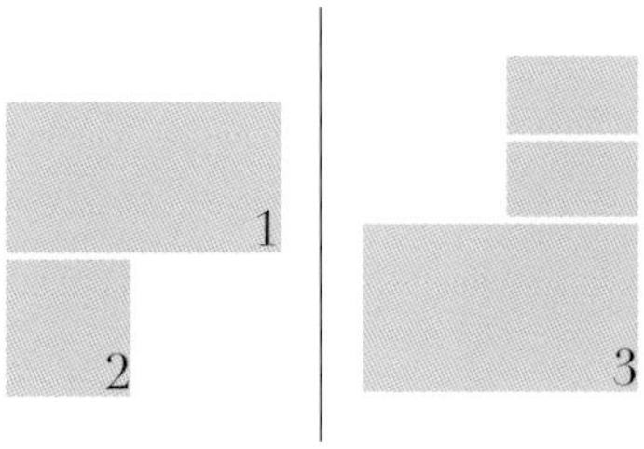

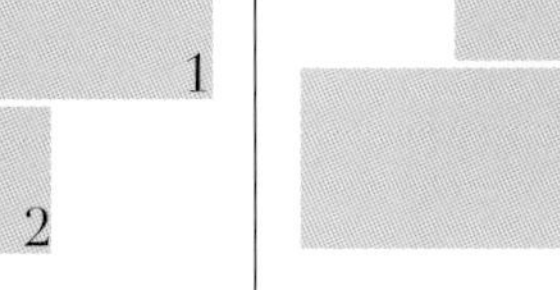

1. 鸟瞰照片里丰富的色彩展现这个四季美丽的花园
2. 一个个植物岛屿形成了独有的特色
3. 视角中的植物群落有可能是由两至三个岛组成的
4. 不同的岛屿花境品种不同，效果也截然不同
5. 三组参观者在同一轴线上却由于标高不同，岛屿主题不同，参观内容也截然不同

1. 岛屿的种植方式赋予花境更灵动的表达，也与花境表达自然之美相契合
2. 雾谷花园丰富的针叶树成为了花境的背景，同时针叶植物本身深浅的变化也给植物群落带来丰富的层次
3. 观赏者在花间穿梭，人也成为景色的一部分

雾谷花园

花园主人希望主要使用针叶树和石楠来试验一年四季种植的颜色。超过500种不同的针叶树和100种石楠在英国各地产生巨大的反响。现在，来自世界各地的大量针叶树、乔木和灌木为观赏草和多年生植物增添了背景，也让花园不断发展和变化，让游客不断有新鲜感。

夏日花园

布瑞辛罕花园的一个入口，是2001年建造的。这个花园里种植了许多品种的日本观赏草——芒草，现在这里成为英国芒草收藏的代表，夏天景色尤其美丽。

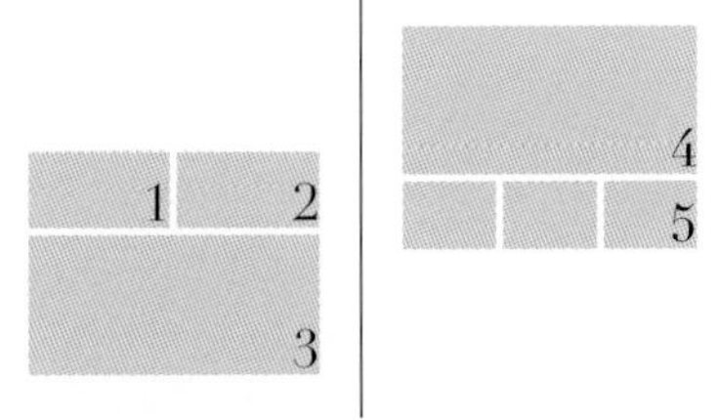

1. 被绿色覆盖的建筑和屋前的观赏草
2. 丰富的植物搭配，让参观的过程赏心悦目、目不暇接
3. 各种花境植物和观赏草之间层层叠叠的组合
4. 坐在这样的环境下感受虫鸣鸟叫都是一种享受
5. 花园里的导视牌和小火车

芳香花园

1963年，艾德里安·布鲁姆（Adrian Bloom）建造的植物岛床，在1980年又作为灌木园重新种植。这里被设计为一个种满有香气的鲜花和植物的花园。它毗邻就餐区，整个夏天游客都可以在这里享受鲜花和香味。我必须要说这里可太美了。坐在就餐区，看着这些芳香类植物，令人心旷神怡。

冬季花园

整个花园最有创意的部分，花境冬天一般给人枯萎、萧瑟的印象，但是布瑞辛罕花园的冬季花园告诉我们，只要植物搭配得好，花园的冬天也可以充满色彩和魅力。在冬季花园内，种满了山茱萸、雪花莲、早花球根植物、黑黎芦和其他冬季开花的花卉，从冬到春，这里色彩斑斓。这里的色彩为英国冬天一扫阴霾，成为经典被众人效仿。

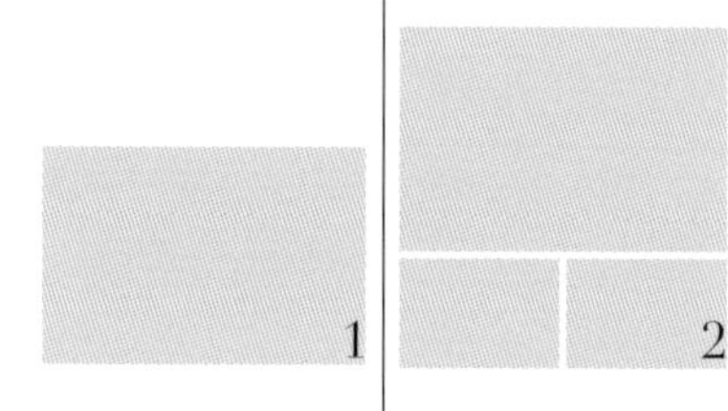

1. 冬季花园同样让人印象深刻
2. 桥、亭等构筑物都掩映在秋色之中，比例精巧，点睛又不过度抢眼

1. 花园中心中售卖当季的花材，方便游客进行选购
2. 花木扶疏，花草葱茏，远处的亭成为视觉的焦点
3. 花园师杰米一边维护花园，一边与游客进行交流，对游客感兴趣的问题进行解答
4. 游客徜徉在花园的美景中

The
Bressingham
Gardens

这个公园的园艺布置形式让人惊叹，它的色彩搭配登峰造极。你所看到的很多经典的花境配置照片都出自这个花园，而事实上它的名气与花园展现出的美，并不匹配。

还好我来了！

花园师杰米告诉我这个花园花境的精妙在于业态多样的花瓣岛花境，布局巧妙的台地花境，品种丰富的生活花境。花园师凯莉也说管理人员只有8位，负责维护好花境的日常，让花园面貌始终如一。

说说我看到的部分，首先是它游园的路径，草坪作为道路与植物岛之间形成没有隔阂的参观模式。一个个植物岛之间通过高矮不同的植物又形成了视线的遮挡，所以走在其中一点都不会感到厌倦。

然后是花境植物品种，布瑞辛罕花园在1962年就有5000多个植物品种，这是多么令人惊叹的一件事。接着是参观花园人的状态，英国人热爱花园，布瑞辛罕花园在英国园艺界非常知名，有很多慕名前来的“粉丝”，他们或拿着手机拍照，或拿着本子记录，热爱花园已经成为一种习惯。

最后是我对三代花园主人的敬意，同为行业从业者，我们都知道花园维护的难度和费用，作为私人宅邸的拥有者，三代人共同打造并维护的这个花园，刻入骨血的热爱，让花园呈现出越来越美丽的面貌。

Waterperry Gardens

沃特佩里花园

花园拥有女性的柔美和细腻

这种美好温暖着每一个观赏者

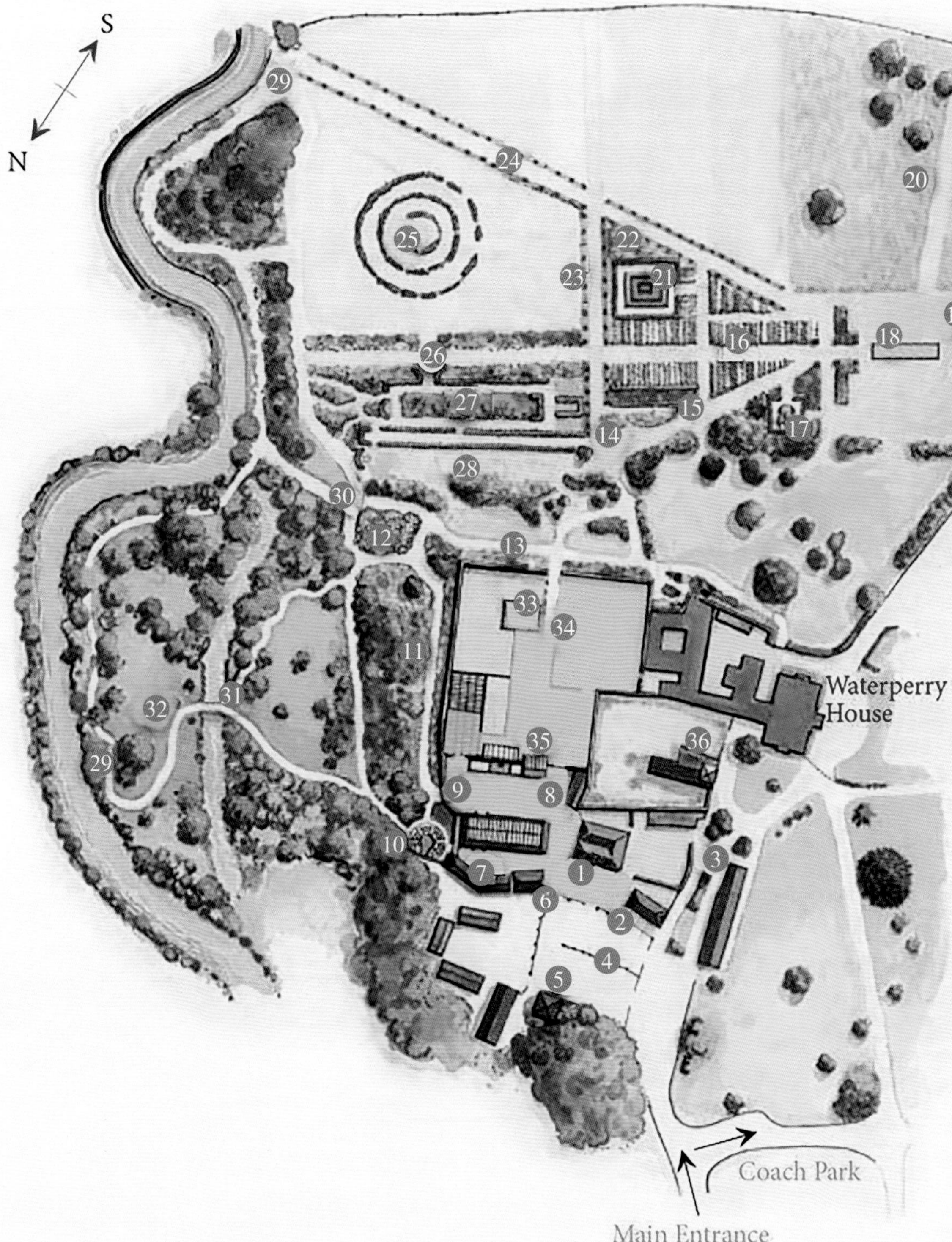

1 商店
2 博物馆
3 茶馆
4 停车场
5 公共卫生间
6 行动艺术画廊
7 花园中心和入口
8 旧盆栽棚
9 树木销售区
10 圆形剧场
11 散步道
12 赛博花园和岩石花园
13 草本花境
14 岛式种植床
15 观叶类植物群落
16 草本苗床
17 高山花园
18 睡莲运河
19 米兰达花境
20 植物园
21 中心花园
22 边缘花园
23 花园大道
24 梨花路
25 紫杉
26 彩色花境花境
27 玛丽玫瑰园
28 当代花境花境
29 河边小路
30 岩石花园桥
31 溪流
32 斯宾尼船厂
33 虎耳草花园
34 围墙花园和出口
35 橙树屋
36 教堂

沃特佩里花园离牛津郡一步之遥，离伦敦也很近。

1932—1971年，碧翠丝·哈弗加尔在这里建立了女子园艺学校，当时的重点是粮食生产，而不是现在所看到的观赏花园。是的，现在这里拥有8英亩（约3公顷）美丽的花园、一个优质的植物中心和花园商店、画廊和礼品店、博物馆和茶馆。至今花园还是长期为白金汉宫提供草莓等园艺品种的重要基地。

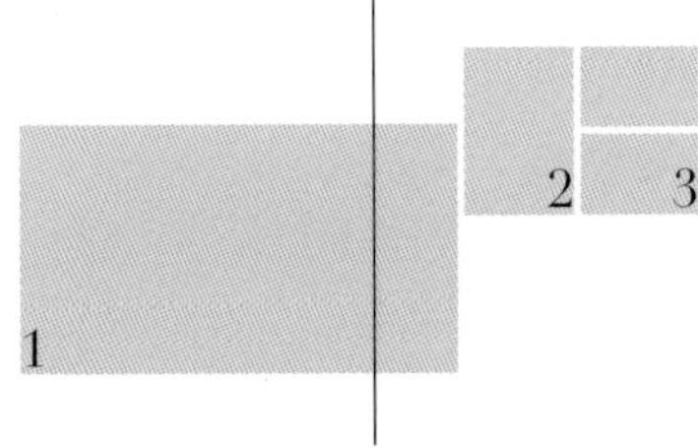

1. 花园不仅植物品种丰富，其构筑物和雕塑也别具特色
2. 小女孩手捧白鸽的形象非常清新，和整个花园极为匹配
3. 花园前身是女子园艺学校，因此园内的植物非常丰富，且色彩柔和

沃特佩里花园是一个神奇的花园，在很迷你的花园里，你会被美丽的树木、灌木和鲜花、古典的边界、现代种植手法、私密隐蔽的角落包围。花园包括玛丽玫瑰花园、一个长方形的睡莲池和长长的彩色花境边界。

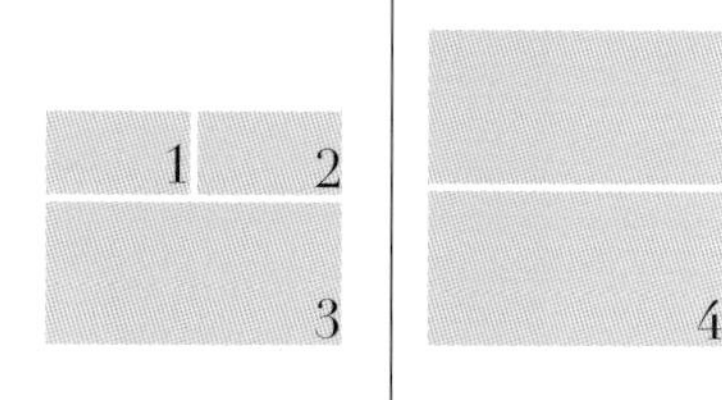

1. 飘逸的观赏草
2. 游客都忍不住拿出相机进行拍摄
3. 开阔的草坪上有矩形的水景形成倒影
4. 各种色彩、各种质感的花境构成了围墙边界花园，美不胜收

1. 座椅总是布置在美丽的观赏面
2. 大树华盖和茵茵绿草组成美妙的秋日印象
3. 父母带着孩子愉快地在草坪上玩耍
4. 我们去的当天是当地的传统节日

这个花园本身不太出名，也不在我们当时参观的行程中，机缘巧合之下，查到了这个花园，并改变行程，来到这里。

到达之后，我被这个迷你花园征服了，除了长长的边界花境正呈现最美丽的状态之外，整个花园也清丽雅致。当得知这个花园原本是一个女子园艺学校后，恍然大悟这份柔美与细腻的由来。

特别美好的是一个少女手捧烛台的雕塑。少女小心地呵护着手中的火焰，那种虔诚与纯净让人动容，结合周边花境，打造了一个非常有感染力的场景。当时的感动至今仍然印象深刻。

Westonbirt Arboretum
韦斯顿伯特植物园

世界级的树木收藏

季节性的节奏和鼓舞人心的景观

创建者：罗伯特·霍尔福德（Robert Holford）

OLD ARBORETUM
DOG-FREE ZONE
SILK WOOD
Forestry Commission office
Learning centre
Toilets
Great Oak Hall & Friends' office
Play area
Cafe
Shop
Restaurant
Woodchip sterilisation unit
Circular Drive
Loop Walk
Victory Glade
Main Drive
Savill Glade
Dukes Cut Gate
Colour Circle
Acer Glade
Holford Ride
Holford Glade
Pool Avenue
Lime Avenue
Jackson Avenue
Morley Ride
Specimen Avenue
Pool Gate
Dew Pond
Spring Gate
The Downs
Mitchell Drive
Down Gate
Tetbury
Welcome Building
A433
Waste Gate
Waste Drive
Ash collection
Broad Drive
Silk Wood barn
Oak collection
Skilling Gate
Palmer Ride
Barn Walk
Cherry Glade
Species trial plots
Bath 20 miles
Oak Avenue
The Link
Concord Glade
Sand Earth
Japanese maple collection
Willesley Drive
Maple Loop
Green Lane
north
Each grid square is 100 metres or about two minutes walk
0 100 200 300m
1 服务中心
2 槭树林
3 胜利林
4 霍尔福德沼泽地
5 木屑消毒屋
6 丝绸木屋
7 樱桃林
8 日本枫树林
9 树种试验区
10 学习中心
11 餐厅
12 活动区域
13 入口

韦斯顿伯特植物园又名韦斯顿伯特国家植物园，由英国林业委员会管理，位于英格兰格洛斯特郡历史市镇泰特伯里附近，是英国最重要、最广为人知的植物园之一。该植物园最初由罗伯特·霍尔福德以风景如画的风格创建，兴起于18世纪中叶维多利亚种植狩猎鼎盛时期，植物园由18000余种乔木和灌木组成，覆盖面积达600英亩（约243公顷），而这个植物园也被称为拥有科茨沃尔德最美的秋天。

植物园内有两个重点区域需好好观赏，其中一个是老植物园区，这是一个精心设计的园林景观，其间分布着来自全球各地的罕见树种，最早可追溯至19世纪50年代。另外一个则是巨盘木区，虽然这里分布着很多引种树木，但其中心是一个传统的工作林地，可以追溯至13世纪。

2

3

1

1. 典型的如画风景造园手法，行走其间让我感受到这里树木的古老和珍贵
2. 除了大自然的神话般的展示外，还有充足的步行和林间空地可供所有家庭去探索
3. 园内长达 27 千米的小径深受游客喜爱，走在这里，可以惊喜地发现种类繁多的罕见树木

SPIN
MATCH!

You have walked
10cm
THE SHORTEST TREE IN THE WORLD?
The dwarf willow is sometimes called the smallest tree in the world; 'tall' specimens reach a whopping 10cms! But does it qualify as a tree: 'a woody plant with a single trunk at least three inches in diameter at chest height'? It would take 14 willows just to reach chest height!
COUNT 'EM!
How many ladybirds is that?

格伦·豪厄尔斯建筑事务所（Glenn Howells Architects）和工程师布罗·哈普尔德（Buro Happold）完成了树顶步道（STIHL treetop walkway）的设计，它是一条蜿蜒的步行道，长约300米，是英国最长的树顶步道。这条步道由木架和轻型的铁栏杆建造而成，上升至树顶位置，能观赏到谷底惊人的景色。

它是连接森林南北的一条走廊，是自然的走廊，是科普的走廊，也是一条艺术的走廊，柔和的弧线穿插在森林中毫不违和，并使游客的焦点集中到植物园本身上。

韦斯顿伯特植物园内的每一种树木都贴有标签，有的是在树干上，有的是在较低的树枝上。其中蓝色标签代表着韦斯顿伯特的“冠军树”，要么是英国最大的树种，要么是英国最高的树种。

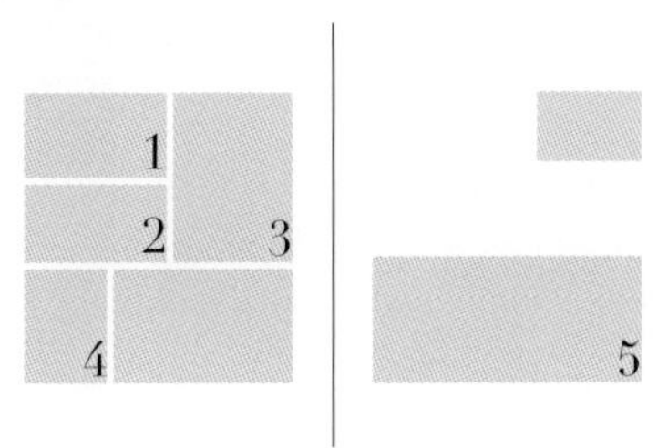

1. 扶手上安装的互动热点，让游客更多地了解树木迷人的世界
2. 换个角度和高度游览植物园
3. 各种寓教于乐的指示牌，安装在不同的高度，将大自然的知识展示给各个年龄阶段的人群
4. 树顶步道会有可供游客近距离观赏树冠的平台
5. 树木按照原生区域种植，秋天来的时候让你陶醉迷失在五彩斑斓的“枫”景中

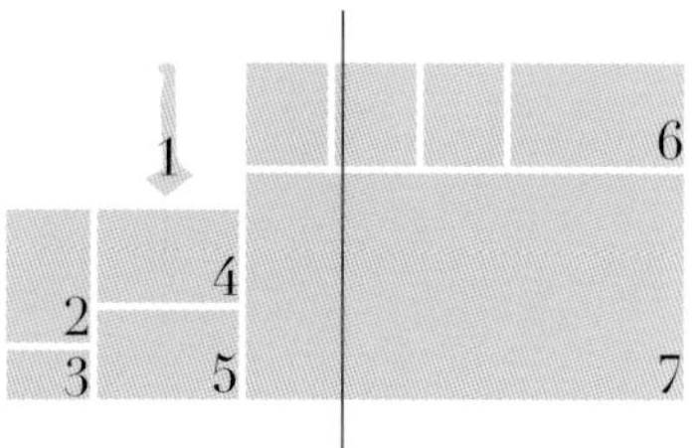

1. 木质灯具
2. 相当质朴的标识牌，秉承着一贯的极简设计
3. 每一片树叶上都记录着“痕迹”
4. 刚会站立的小朋友也会去触摸指示牌，自然教育无关年龄
5. 废弃的木材做的雕塑小品
6. 丰富的枫树品种和多层次的色彩是秋天的特色
7. 以枫树为主的观赏区域

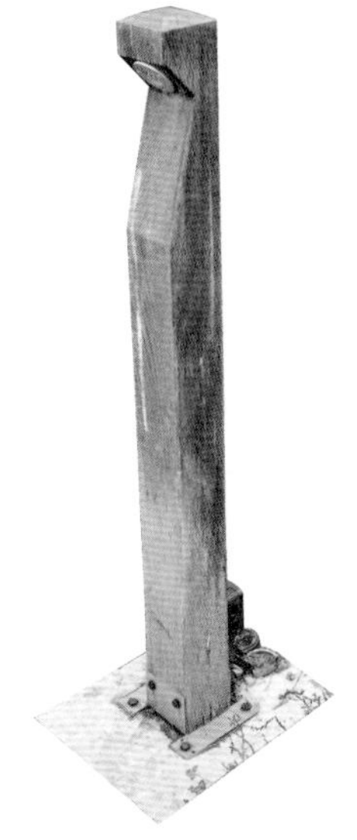

1

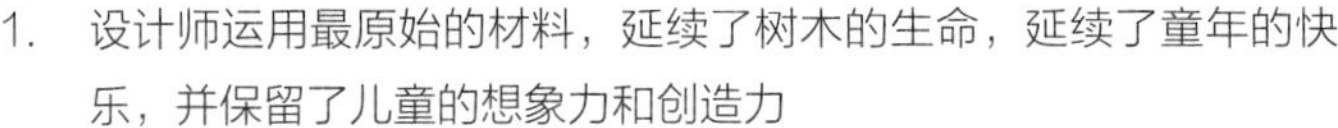

1. 设计师运用最原始的材料，延续了树木的生命，延续了童年的快乐，并保留了儿童的想象力和创造力

韦斯顿伯特植物园在英国被誉为“最为人广知的植物园”和“最美的植物园”，享有殊荣，现今它是世界上最棒的植物园之一，同时也根据不同季节组织各年龄的群众参与手工艺和探索活动，比如去了解树木蜕变的一生，这些园艺活动也成了大部分英国家庭最喜欢做的事情。

可惜我们去参观的那一年，英国的秋天来得太迟。即便如此，植物园内丰富的植物，以及串联起南北区域的树顶步道，还有公园内的导视设计都让人印象深刻。整个公园最出色的是其科普性，还有趣味性，这都给国内的植物园提供了不错的借鉴。

个性化花园

在英国，人人都是园艺师。全民参与的热情与底蕴，诞生了非常多的园艺师、建筑师设计的花园，如伊安和芭芭拉·波拉德夫妇的修道院花园——个性化现代伊甸园、维塔的希德蔻特庄园花园、劳埃·克劳德的大迪克斯豪宅花园等。这些花园有的作为私宅，仅供预约参观；有些则可以入住，甚至可以品尝到主人提供的烤面包和新鲜采摘的水果，这些花园为更好地体验英国园林的生活与精神享受提供了更多的选择。

Abbey House Gardens

个性化现代伊甸园

拥有 1300 多年历史

第一位英格兰国王埋葬在花园的某处

66 个国家电视台播放过这个私家花园

它立志成为世界上最伟大的花园之一

私人花园

女主人芭芭拉是模特兼服装设计师，男主人伊安是建筑设计师

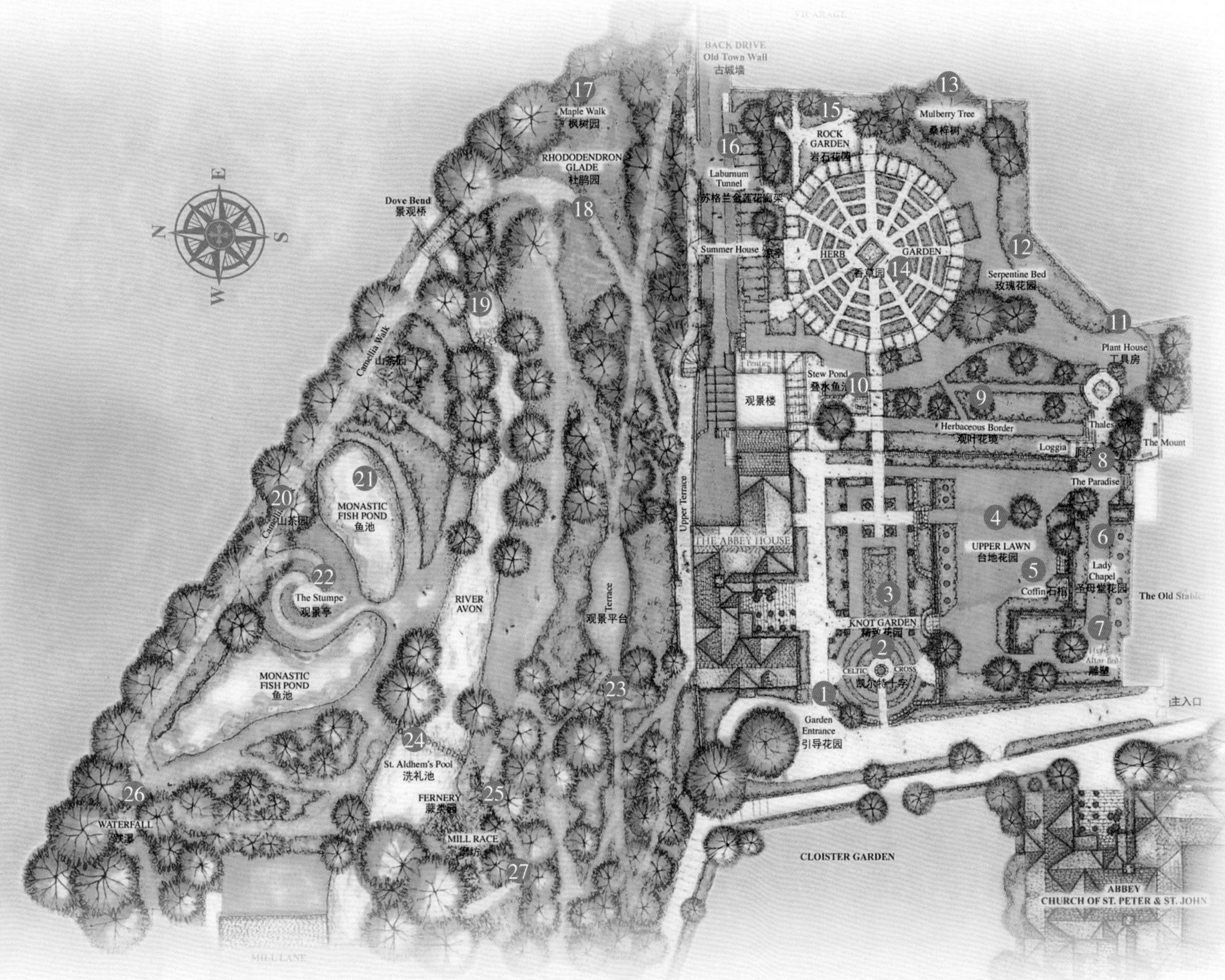

1 引导花园
2 凯尔特十字花园
3 精致花园
4 台地花园
5 石棺
6 圣母堂花园
7 雕塑
8 廊架
9 观叶花境
10 叠水鱼池
11 工具房
12 玫瑰花园
13 桑梓树
14 香草园
15 岩石花园
16 苏格兰金莲花廊架
17 枫树园
18 杜鹃园
19 景观桥
20 山茶园
21 鱼池
22 观景亭
23 观景平台
24 洗礼池
25 蕨类园
26 瀑布
27 磨坊

个性化现代伊甸园是一座特别的、个性化的、私人的，有66个国家电视台播送过的英国现代伊甸园。巧妙将法国规整园林、英式自然式园林以造景融合在一起更强调了自然化的风景意境方向，在其之中伊安和芭芭拉·波拉德夫妇还吸收东方自然园林（日本园林精致与中国园林自然）的意境美学特质，当然花园自然式特征也不是我们中国传统园林中通过叠山理水在围墙内而人工模拟出来的自然，而是改造、顺应英国的大自然风景；花园还是诗画、雕塑艺术、花木与生活等通过伊安和芭芭拉的个人学贯东西文化兴趣思想发展有关联的花园。

入口引导花园

古朴沧桑的大门和长长的绿篱廊道形成了入口引导花园，廊道尽端收景的是高大的古树组合，花境中的艺术人体雕塑与主人提倡的自然观巧妙进行了提示，引导视觉，让人进入一个引人入胜的空间，绿篱故意留出一个窗口，仿佛是中国漏窗的感觉。

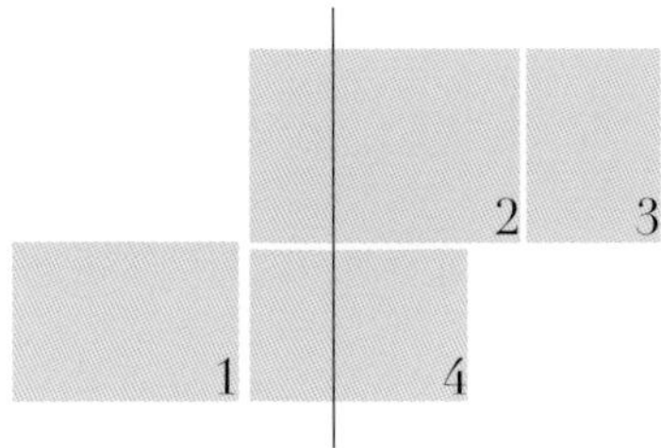

1. 入口的绿篱模纹花坛
2. 站在花园门外，就可感受到法式园林的规整布局
3. 花园中惊鸿一现的景致都呈现出历史的质感
4. 古朴的木质大门

前庭规整花园

这是一个紫藤花廊入口，巧妙勾勒出前庭整形花园之美妙，一个13世纪就存在的修道院建筑爬满了铁线莲、紫藤、爬山虎等花卉植物，让古老屋宇不断在四季中展露生机与活力。右侧前庭花园是整形的树篱花园，伊安和芭芭拉让规整和自由在这里交融，花园又由绿篱分隔成不同空间，各个区域常常通过类似的“门洞”相连，夹景、对景等手法营造出“山重水复疑无路，柳暗花明又一村”的惊喜。许多雕塑、坐凳及背后修道院都是让伊安与芭芭拉选择此地与花园为伴的缘由，每个场景都反映了他们二人的思想。所以当你从这里的坐凳向外望时，更会为“门框”的取景效果而感到震撼。在这般齐整对称颇有法式园林的风采里体验东方园林的意韵，花园最突出的特点是：用紫杉等修成树篱，将花园分割成一个个的不同主题花园，每个区域种植不同品种的植物，呈现各自的主题。

果园与鱼池

继续走过1999年春修建的哥特式拱道，穿过一个凉廊就进入了高台上以前的果园。爬上山地森林，视线可以穿透树冠，欣赏到花园美景。在花境里漫步或者从高处蜿蜒而下停住并坐下观看在一圈红豆杉围绕的景观水池的金鱼。

撒克逊拱门（Saxon Arch）是在撒克逊时期由雕刻石组成的拱，它曾是大教堂建筑群的一部分。另外在上层台地草坪花园，以前圣母堂的墙已经覆盖种上了紫杉篱，1997年在这墙旁边发现了中世纪石棺，这时候已经着手准备在花园里栽种2000种不同的玫瑰。这石棺和埋葬在里面的人曾在1998年英国广播公司（BBC）二台的《见到祖先》节目里播出过。

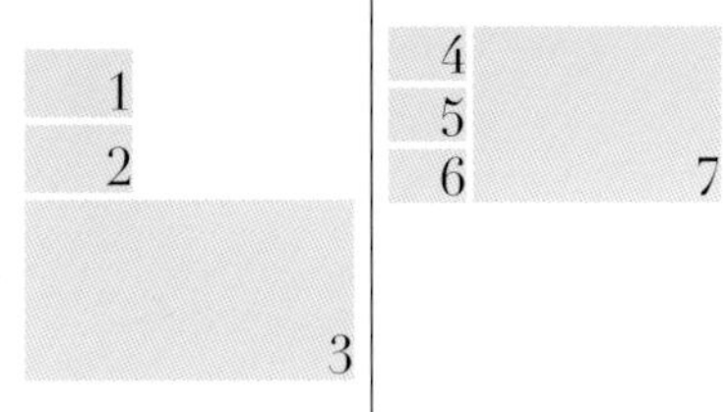

1. 修剪整齐的黄杨篱
2. 用现代艺术的手法表达传统树篱
3. 标志性的紫藤拱廊和前景绿雕
4. 通过高大的紫杉篱做隔离，用一道道拱门串联起一个个花园
5. 雕塑是花园的特色
6. 具有创意的水景也是花园一大亮点
7. 水景具有现代艺术之美

香草花园

品种繁多的香草花园的美在于规整图案中香草自由绽放，既可欣赏也可用于厨房。

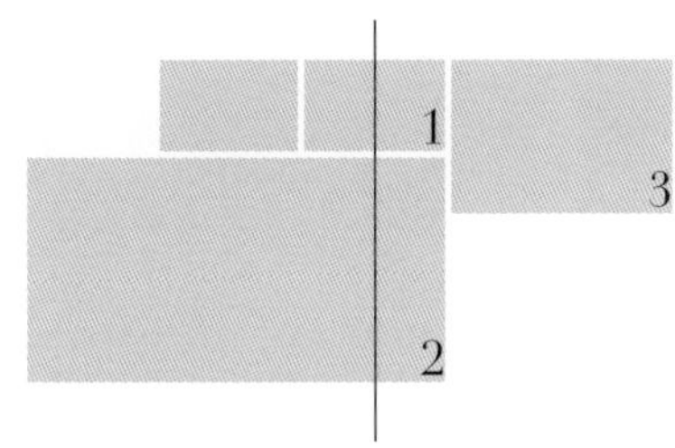

1. 主人收集各种有趣的摆件，让花园充满趣味
2. 每一个花园都很有围合感和边界意识
3. 绿意盎然的植物和各色园艺品种

玫瑰园与自然花境园

规整玫瑰园和随意但精致的花境园更带来优雅的气质与魅力。虽然此次前去，玫瑰还含苞欲放。但可以想象2000多种玫瑰伴着花香弥漫在大自然里营造出的温馨和浪漫。而芍药、大丽花、羽扇豆、洋地黄已开放迎客。下次，一定还要再来约会玫瑰。

棚架花园

环绕香草的是棚架花园，和凉亭棚上苏格兰金莲花、底下八仙花与端景大叶榆绿篱形成了一个空中花园廊道。

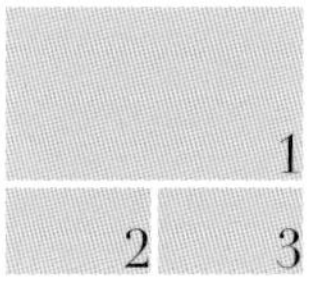

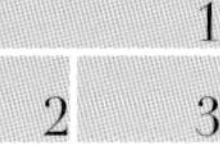

1. 金莲花和紫藤交织，组成一个梦幻的长廊
2. 构筑物的尺度和选材都尽可能贴近自然
3. 植物热烈的色彩描绘着春的模样

台地花园

疏林草地，花卉植物，雕琢精细，英式园林装扮优雅而烂漫，其英伦特点在设计上讲求了心灵的自然回归感，给人一种扑面而来的浓郁气息。

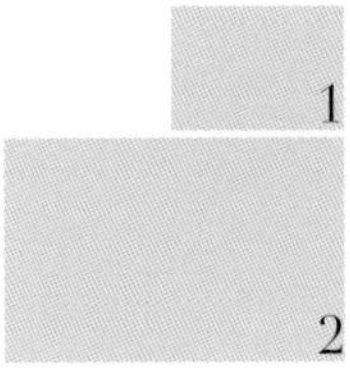

1
2

1. 坐凳为焦点
2. 紫杉篱后是各种高大的植物组合，突出了色彩和季相变化

圣母堂花园

纹样植坛、笔直的林荫道、方正的水池、整形的树木，创造了一切几何形状和对称均齐的布局。

东方后花园

后花园是一个模仿东方的自然峡谷花园，林木深深的溪流小池河边是完全不同的氛围感受，你可在林间沙砾道上，在山茶花、杜鹃花、蕨类、枫树丛中游赏。而那些花都是移栽过来的，种在与原生环境不同的土里，譬如来自东方的园艺植物，虽然不一定适合这片土地，但园主人还是不断进行尝试。而原有的银白色桦树、樱桃、橡木、榛树和苹果树之间又增加了日本枫树、冬青、八仙花类、醉鱼草和松柏类植物。在去除杂乱大树后从房间向外看也是美妙的画境感，花园里有大量的鸟类，如五子鸟、旋木雀、啄木鸟、翠鸟和一群群的金翅雀。更不用说在水里游弋的天鹅、黑水鸡和机警的水鼠。

1999年增加的汀步石为通过河流增加了一条道路。而桥的出现，用来解决了它的过河问题。洗礼池与河水路相通，马姆斯伯里（Malmesbury）的历史学家曾经说过：圣人曾将自己躁动的身体整夜浸在这河水中以回归平静。自1904年以来，这里已经是众多的户外洗礼地之一。过河用的桥建于2000年，用以纪念曾经伫立在旁的一座吊桥。鱼池建于1998年，开挖的土就堆放在开挖界限之间形成一个小丘，这个小丘被命名为圣丘，以纪念在1540年后建造个性化现代伊甸园的威廉·斯顿普（William Stumpe）。圣丘处是一个绝佳的观景平台，可以一览住屋房子的全貌。但大家很难想象房后的这整个后园区域在1994年时还是遍布高可没人的荨麻、荆棘等丛生杂草，以至于从河岸顶上往下看都看不到河。

1. 在人工中，又充满随机的变化
2. 雕塑与场景非常契合
3. 实与虚之间进行转换
4. 东方峡谷花园宁静与自然的象征
5. 溪流上的木桥都是自然取材，与环境相和谐

花园特别要提的特色

雕塑

花园的特色之一，是伊安·波拉德的思想流淌，雕塑小品摆放太巧妙了，其实是很普通的雕塑作品，只是摆放的艺术性较强。很多杂志与60多家电视台都采访过这个花园，生活的艺术雕塑与主人思想在诗意的花间田园里流淌，会生活才会汲取更多的灵感，花园的男主人伊安·波拉德就是这样的花园师，他原来是个建筑设计师，夫人芭芭拉自己则是模特和服装设计师。伊甸园体现了他们的人生是一种幸福、放松的心灵之旅。

1. 各种各样的雕塑体现了主人的品位
2. 雕塑有古老的，也有超现代的，与整个花园相得益彰

植物

花园里的植物可能比一般小型植物园的品种还多，有很多是从东方引种的，包括苏格兰金莲花、金边枸骨、红叶榆、银白桦、大叶榆、鹅耳枥、槭树、杜鹃、山茶、丁香、紫杉、桑树、木槿、紫叶小檗、玫瑰、芍药、牡丹、洋地黄、铁线莲、虞美人、鸢尾、蕨类植物、铁线莲、羽扇豆、蓝铃花、八仙花、常春藤、爬山虎、凌霄等。

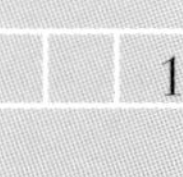

1. 各种各样的花卉在这里竞相绽放
2. 花草掩映下的雕塑总是布置的恰如其分，整个花园精彩纷呈

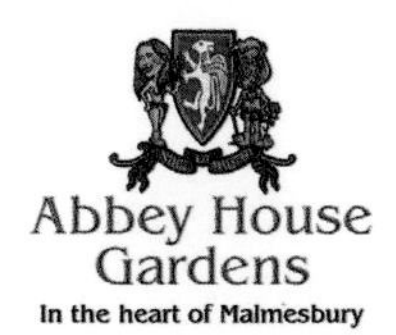

总之，英国的花园有其自然、精致、品种丰富和色彩斑斓的一面，同时又有生活、艺术和高雅的一面。可谓人生一世、草木一秋，理想生活的至高境界的桃花源在现实中的英式乡村却唾手可得。英国的伊安与芭芭拉·波拉德夫妇创造的个性化现代伊甸园被视为现代人心目中的伊甸园。所以英式乡村花园生活保留了原汁原味的自然情怀、人文历史以及艺术情趣，质朴中透露着清新，静谧中带着温馨让人心驰神往，这种朴素和温暖的感觉就是人人都追求的花园生活“家”。

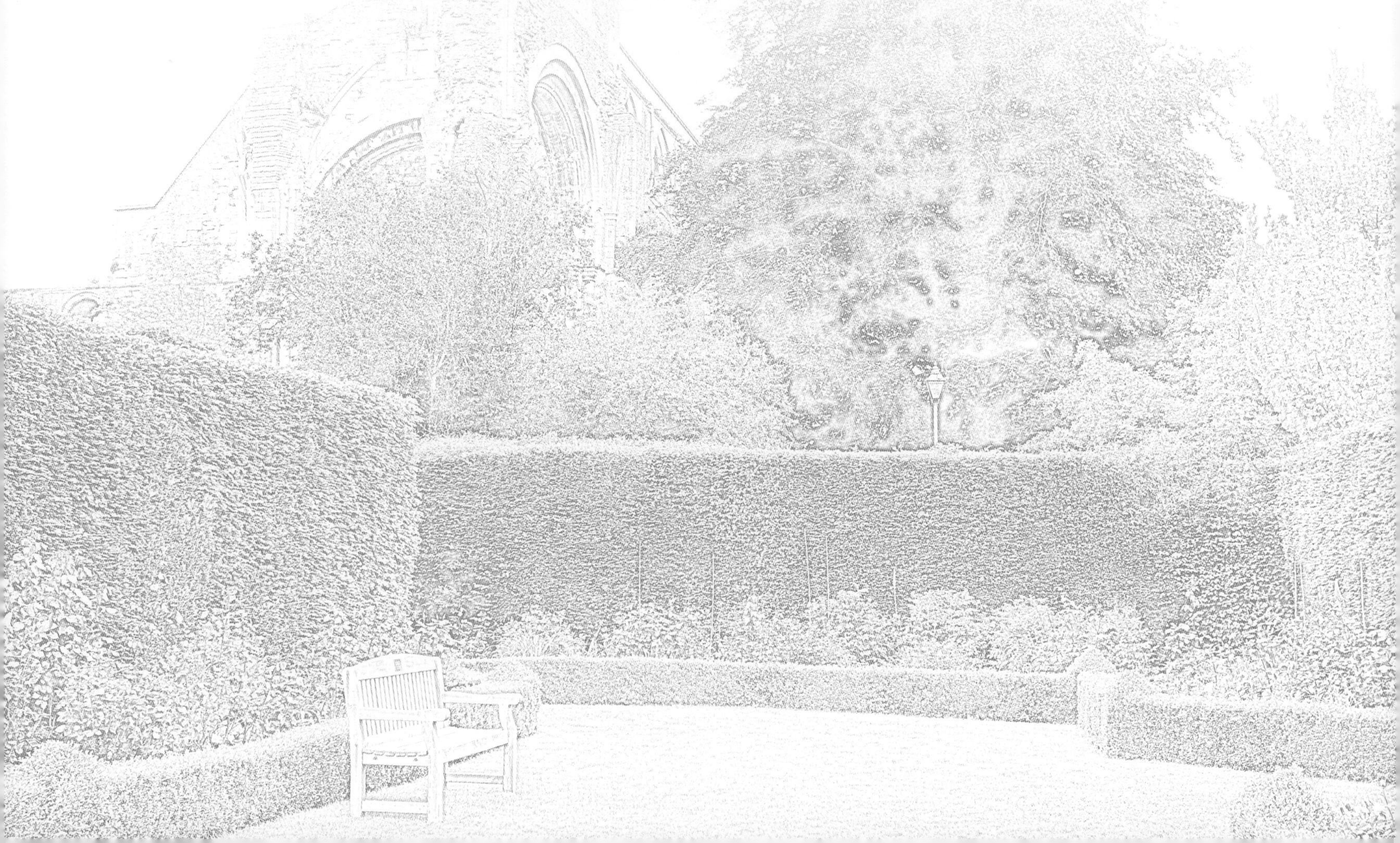

Borde Hill Garden

博尔德山花园

百年历史的花园里

有来自杜鹃花的盛宴

连空气都是甜美的、灿烂的

To Warren Wood
N
North Park
rdiner Grove
South Lawn
GARDEN ENTRANCE
To Parkland and Lakes
Car Park
Borde Hill Lane
Green Tree Gallery
1 入口、商店和工厂销售
2 杜鹃园
3 园丁休闲咖啡馆
4 白色花园
5 维多利亚式温室
6 杰伊・罗宾玫瑰园
7 仲夏边界花园
8 西岸
9 矩形水景
10 旧盆栽棚
11 草丘
12 草坡
13 约瑟芬之路
14 西花园旅馆
15 乡间小屋
16 安拉花园
17 贝基凉亭
18 沃伦・伍德花园
19 博尔德山之家酒店
20 杜鹃谷
21 帐篷（可租用）
22 埃尔维拉咖啡馆
23 杰里米餐厅
24 绿树画廊

博尔德山花园是由史蒂芬·博尔德（Stephen Borde）爵士在1598年建造的。之后流转多人之手，最终在1893年被斯蒂芬森·罗伯特·克拉克（Stephenson Robert Clarke）上校购买，对花园及建筑做了修复性重建，还拓展了部分区域，加入了新的种植空间。

克拉克上校赞助了许多的植物猎人探险队，这个花园的大量植物都是由这些人在中国、缅甸、塔斯马尼亚和安第斯山脉的旅行中收集的植物。他们将植物带回英国后，种植在花园中。比如植物猎人弗兰克·金敦-沃德（Frank Kingdom-Ward）在1912—1956年收集到的来自中国西藏和缅甸的杜鹃花、报春花、百合等，如今花园中的植物经过百年来的维护和培育已经愈发茂密和生机勃勃。花园被列为英国二级重要遗产，它的乔灌木收藏在世界上影响很大，尤其杜鹃的收藏最具特色。

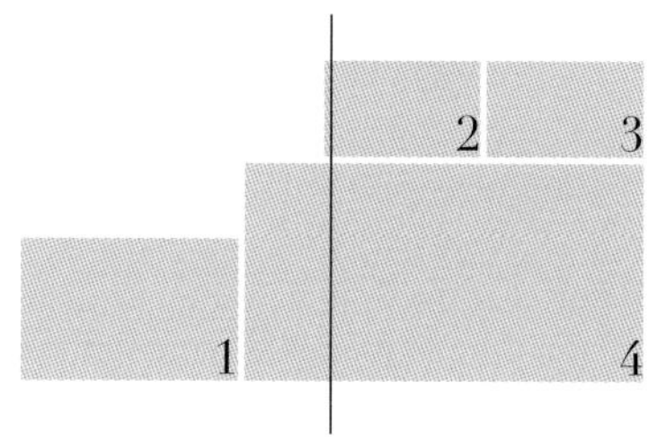

1. 花园拥有非常低调的入口
2. 花园中心里提供美味的咖啡和快餐
3. 大片的草坪可以举办各种活动
4. 花园一侧是规整的玫瑰花园

博尔德山花园坐落在西萨塞克斯，占地200多英亩（约80多公顷），大面积的林地、湖泊、草坪以及西萨塞克斯壮丽的自然景色，都成为花园的背景。

修建于1598年的伊丽莎白时代都铎式宅邸，周围是一系列的花园，每个花园都有自己的个性和风格。比如意大利花园、杜鹃花园、仲夏边界花园、玫瑰园等。

意大利花园于1982年由屡获殊荣的花园设计师罗宾·威廉姆斯的设计并重新改建，丰富多彩的植物围绕着一个矩形的水池，水池中种植了一些浮萍和睡莲。一个荷叶的雕塑成为水池的点睛之笔。轴线末端是一个展开双臂拥抱自然的人形雕塑，水源从雕塑脚下缓缓流淌，并自然而然形成了上下两个花园，通过台阶来过渡，台阶两侧是用当地的石材砌筑的花坛；花坛里种植着天竺葵、百子莲、桃金娘和木兰等，整个花园是非常完整的意大利风格。

玫瑰花园由英国切尔西花展金牌获得者罗宾·威廉姆斯设计，并于1996年完成。玫瑰花园拥有约100种大卫奥斯汀玫瑰品种，为夏季增添了一抹亮色。花园为几何式构图，花园中央是喷泉水景，浪漫的薰衣草围合着盛开的玫瑰，形成浪漫的视觉通廊。

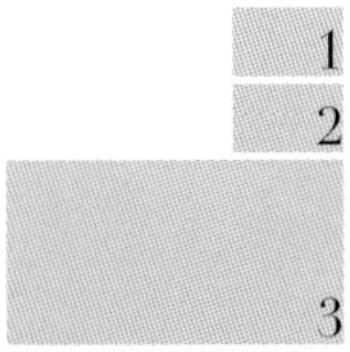

1. 意大利花园矩形水景中央的荷叶雕塑
2. 两边座椅可以更好地观赏花园全景
3. 荷叶雕塑与拥抱自然的人体雕塑成为视觉的核心，拥抱这美好花园的景致

1 2
3 4 5

1. 植物丰富错落
2. 镶嵌于台阶、垒石墙，透露着随意与年代感
3. 被丰富植被包裹的砾石小径
4. 规整的意大利花园
5. 花草描绘着自然的语境

1. 鸟瞰意大利花园
2. 以现代手法改造的蕨类花园
3. 独木成景

杜鹃花谷里栽植着维多利亚时代的植物猎人带回英国的第一批杜鹃花，每到春天，各种品种的杜鹃花争相开放，色彩各不相同。

除了早期修建的花园之外，还有新的花园设计，由热带植物和蕨类植物组成的环形的戴尔花园，水景犹如一缕清泉从天而降，形成白色的富有张力的甬道，和周围浓密的绿色进行对比。

在博尔德山花园里，早春可以欣赏到水仙花、山茶花和木兰花；春天是成片成片的杜鹃花；初夏有来自大卫奥斯汀玫瑰的芬芳；8月草本花境交替盛开；秋天，高大的山毛榉和橡树将这里染成一片金黄。特别需要注意的就是花园品种，尤其青睐来自中国的杜鹃花，植物猎人的存在极大地丰富了英国植物品种。

花园的各个空间都出自不同名家之手，整个花园特别有章法。虽然风格融合了古典、自然和现代的设计元素，但是杂而不乱，衔接也很紧凑，一张一弛之间，时间过得很快，是值得观赏的花园。

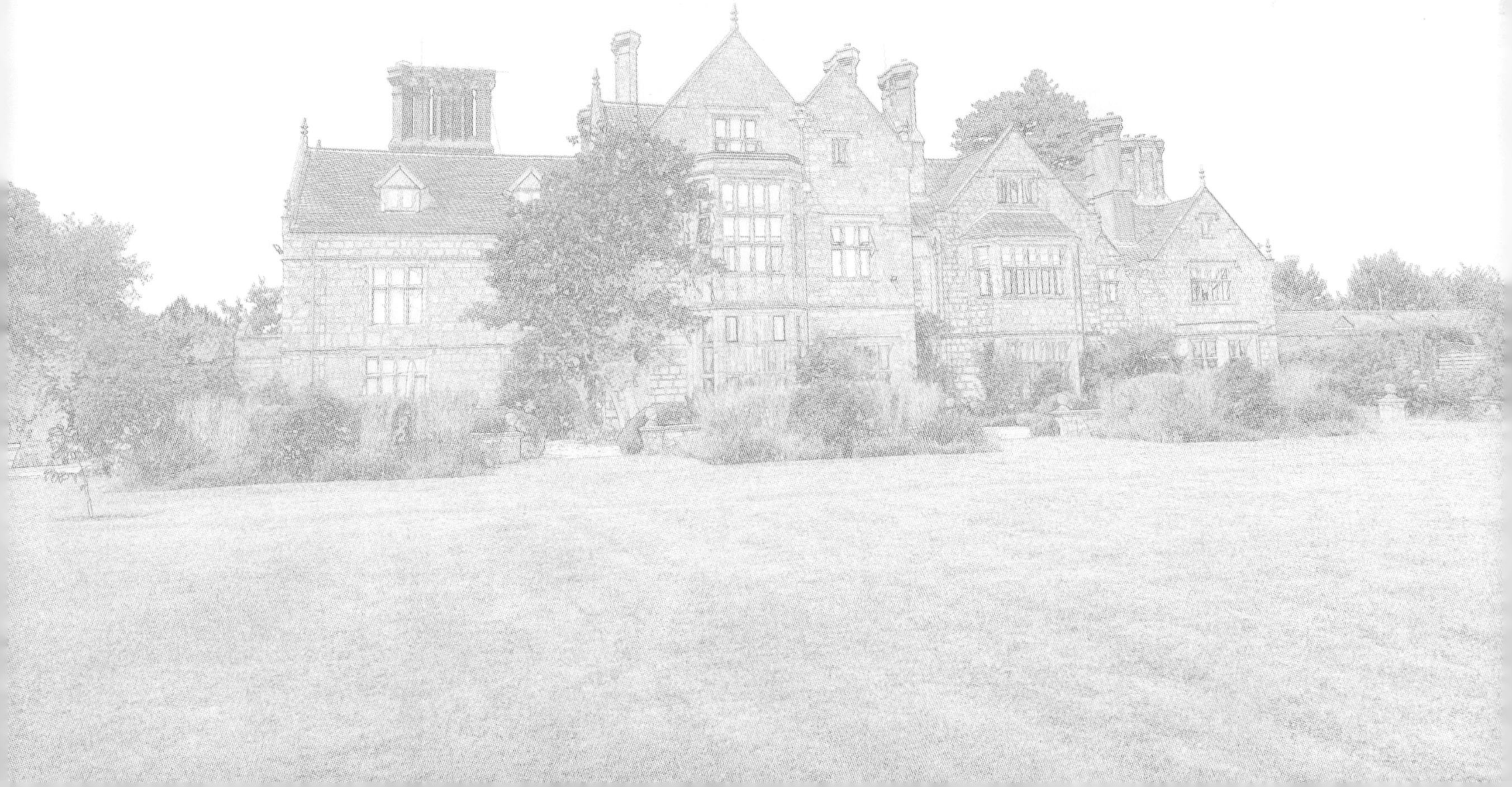

Dyffryn Gardens
戴夫林花园

在整个花园中，微风轻轻吹过

花草摇曳，十分静谧美好

当你想休息时，你可以前往小型图书馆

选择一本你喜欢的书并带到花园中阅读

设计者：雷金纳德（Reginald Cory）与托马斯·莫森（Thomas Mawson）

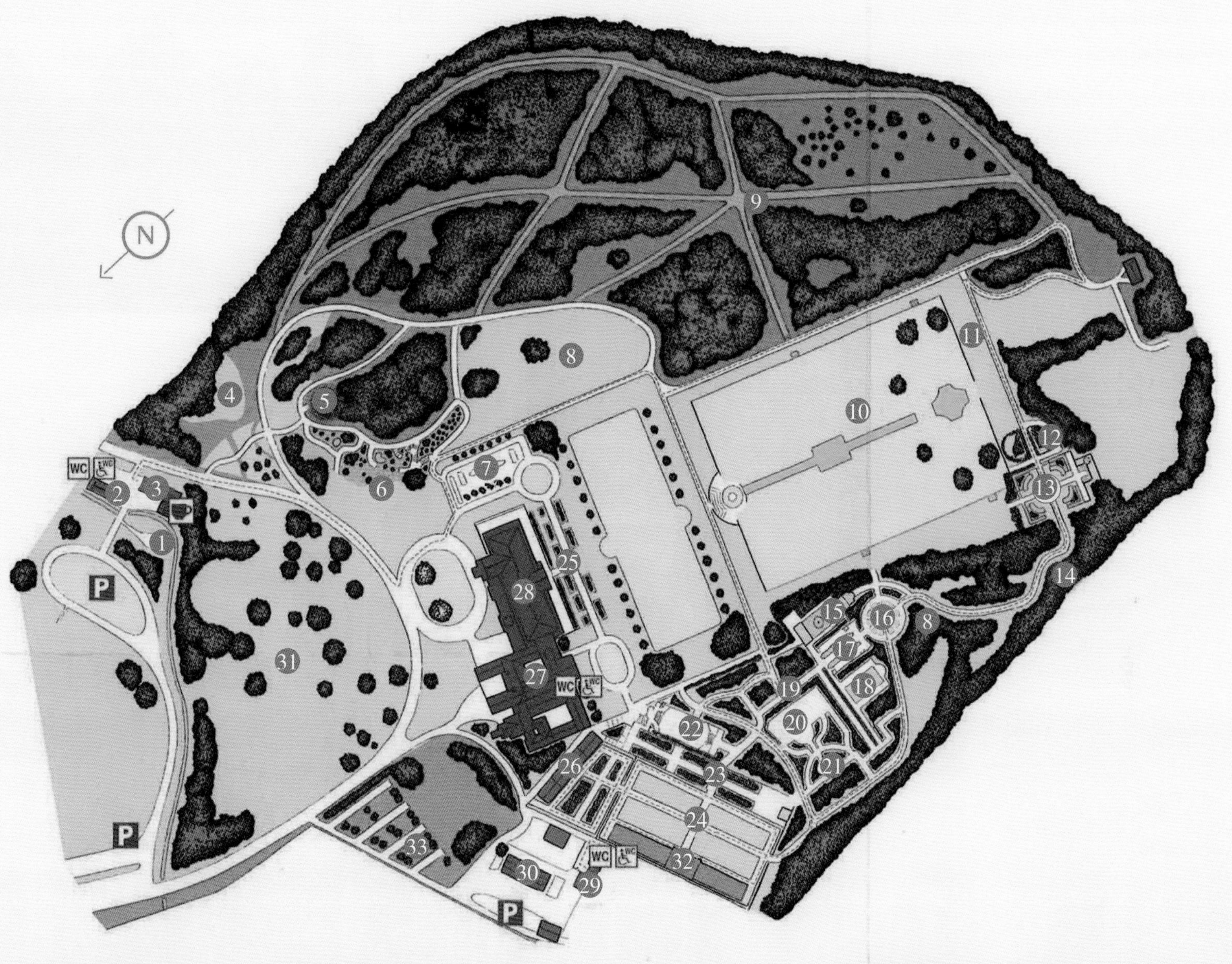

1 游戏区
2 东洛奇酒店
3 接待处和商店
4 格威利 · 格鲁格 · 希瑟草坡
5 蕨类园
6 嘉德格里格假山
7 嘉德班利帕内尔花园
8 射箭场
9 植物园
10 大草坪
11 藤蔓小径
12 嘉德 · 加隆哈特花园
13 薰衣草区域
14 嘉德 · 奥尔勒维诺西边花园
15 庞培花园
16 玫瑰园
17 球场
18 游泳池
19 回廊
20 嘉德剧院花园
21 嘉德物理花园
22 地中海花园
23 布卢达乌草本花境
24 围墙花园
25 南侧平台花园
26 培育室
27 展览室
28 戴夫林之家
29 卡诺凡 · 阿迪斯格科里教育中心
30 帐篷区
31 北草坪
32 玻璃房
33 停车场

戴夫林花园坐落在格拉摩根谷宁静的乡村，占地超过55英亩（约22公顷），原名沃尔顿庄园，7世纪的时候就存在了，16世纪被巴顿家族收购，并更名为戴夫林庄园。1891年，庄园被卖给了约翰·科里（John Cory），他的孩子中有一位出色的园艺家雷金纳德（Reginald），他与托马斯·莫森（Thomas Mawson）合作进行了花园设计。花园的最后一任主人是辛尼德·特拉赫恩（Cennydd Traherne）爵士，现在花园由国民自然信托基金会组织维护和运营。

1. 靠近建筑的平台花园，花境配色热烈而浓重
2. 南草坪花园上的十字水轴经常出镜在各种花园杂志上
3. 花园中心被各种植物包裹
4. 玫瑰园由罗马式墙体进行围合，更具有古典气质

戴夫林花园不得不提的一任花园主人就是雷金纳德·科里（Reginald Cory），他同时还是出色的植物猎人，喜欢全球冒险，并将他看到的珍奇植物带回英国他的花园内，至今看到的花园内的大部分植物都是由雷金纳德采购和收集的。他对园艺事业的热情持续不断，当他去世时，他要求出售房子里所有东西，并将收益捐赠给剑桥大学的植物园。

戴夫林花园藏在广袤的林地之中，由十几个花园组成，比较有特色的是连接建筑的南草坪花园、大草坪上的十字水轴、植物温室和温室前花园、薰衣草花园、庞贝花园和玫瑰园、水池等。

戴夫林花园南花园前景规则对称，大草坪和规整的水渠气势磅礴，极具仪式感，薰衣草花园、庞贝花园和玫瑰花园都充满古典而浪漫的气息。

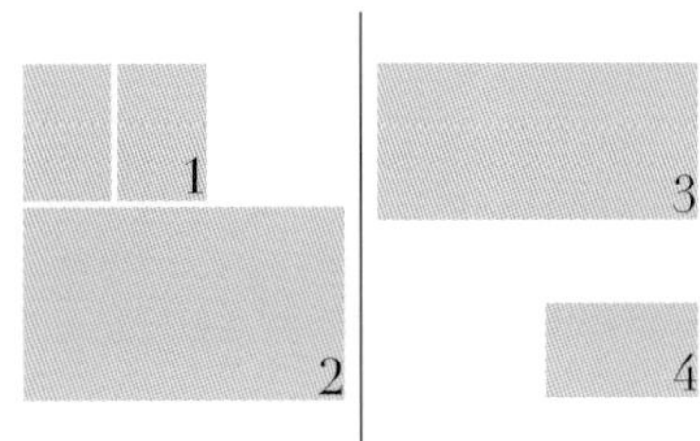

1. 葡萄藤架上还挂着果实
2. 花箱、花境、座椅，以及台地的垒石墙围合起的空间，从色彩到形式都很和谐
3. 温室前花园主要由观赏草组成
4. 英式花园中经常用藤架隔离出不同的花园空间

1 2
3 4 5

1. 牧羊人雕塑
2. 自然式台阶
3. 蕨类植物组成的林下花园
4. 放牛人的雕塑，代表着主人向往田园牧歌的生活
5. 井盖的特殊设计

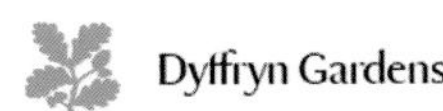

漫步在戴夫林花园，可以感受到古典与自然和谐交融的场景，或精致浪漫、或大气规整、或自然野趣。这是一个园艺学家用全部时间来打造的花园，他记录着主人的热爱和对于植物品种的痴迷。

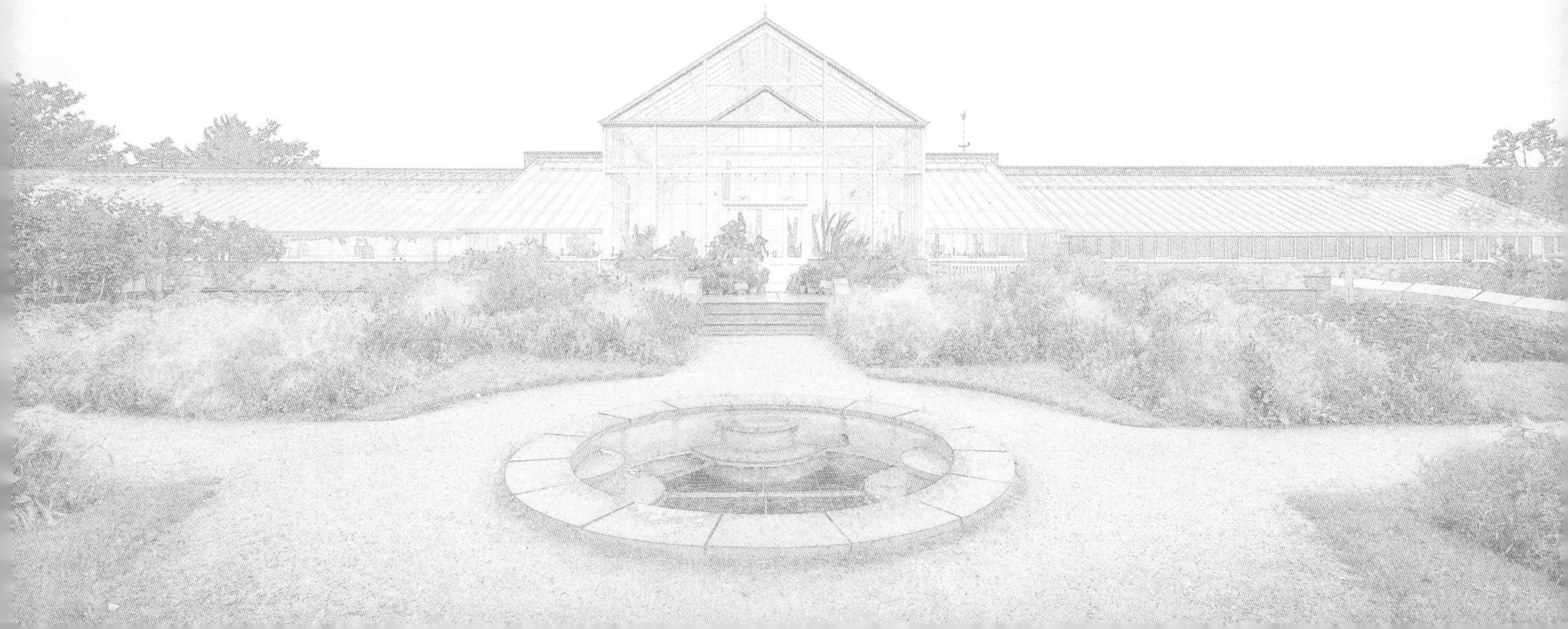

East Ruston Old Vicarage Garden
东拉斯顿老牧师花园

两位花园主人通过将近 50 年的努力
打造让人惊叹的花园

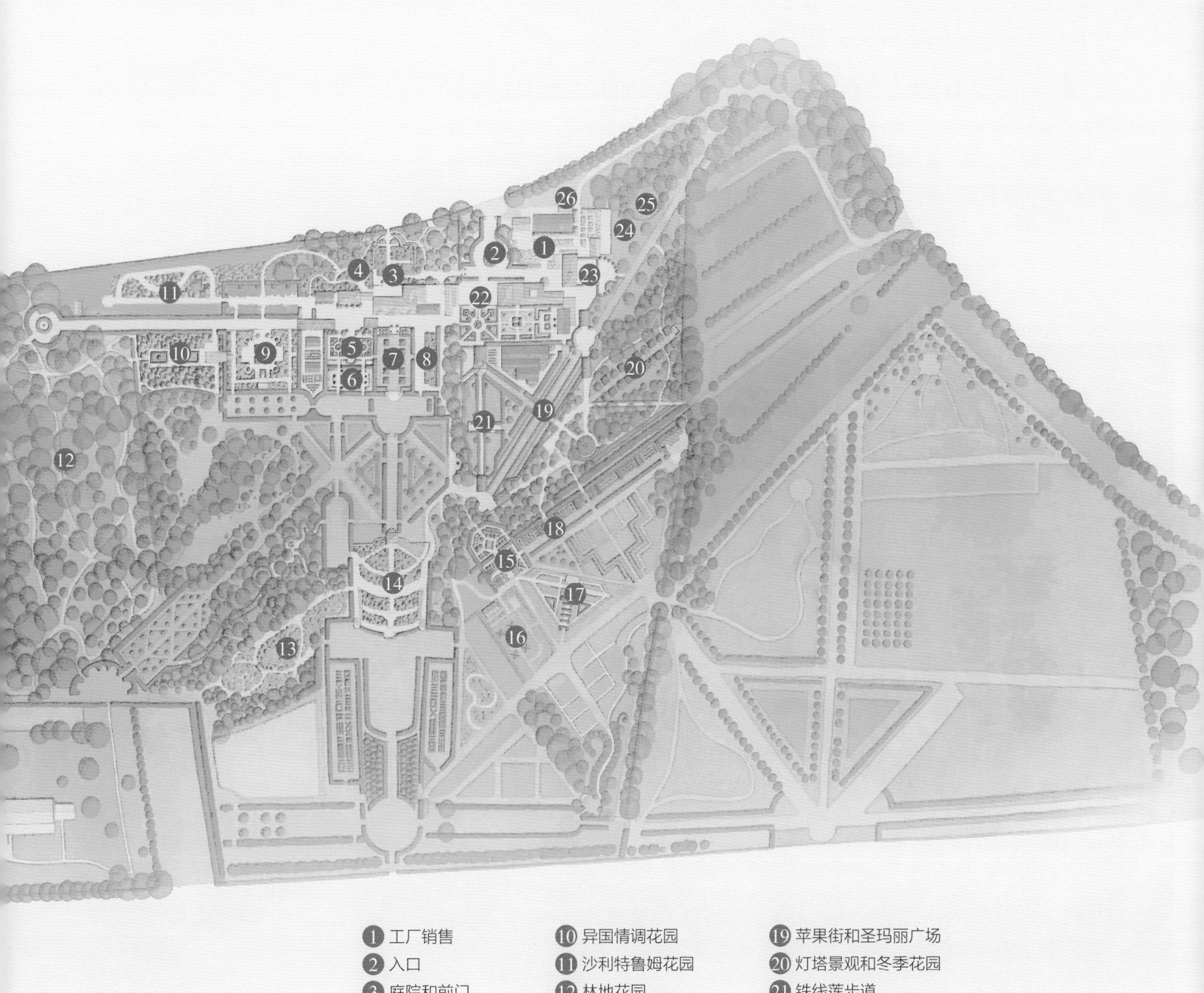
1 工厂销售
2 入口
3 庭院和前门
4 北花园
5 荷兰花园
6 梓园
7 国王大道
8 橘园边界
9 下沉式花园
10 异国情调花园
11 沙利特鲁姆花园
12 林地花园
13 沙漠洗涤
14 地中海花园
15 蔬菜和切割园
16 水果笼
17 钻石禧年围墙花园
18 苏格兰日晷
19 苹果街和圣玛丽广场
20 灯塔景观和冬季花园
21 铁线莲步道
22 温室花园
23 茶园
24 野花草地
25 野生动物池塘
26 公共卫生间

东拉斯顿老牧师花园是一座位于诺里奇西北部的私人花园。这座花园的主人格雷厄姆（Graham）和艾伦（Alan）于1973年购入这座花园，花园占地约32英亩（约13公顷），设计兼具创新与传统风格。由于靠近海边，为避免海风影响，花园内种植了蒙特雷松树，形成一层防风林，保护园内来自世界各地的珍稀植物。花园以蕨类植物、多肉植物、棕榈树、矢车菊、万寿菊等植物闻名。花园里还有一个当地艺术家创作的雕塑集合。

1. 东拉斯顿老牧师花园的花境极为经典，夏季花境的配色也大胆而亮丽
2. 花园中心配备了美味的简餐和咖啡
3. 造型特别的花器
4. 花园中拥有各种风格的雕塑

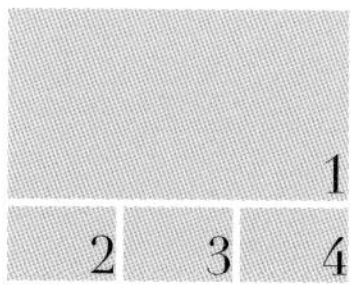

1. 花园的每一个角落都让人感受到主人洋溢的热情和对生活、对园艺的赞美
2. 国王大道的起点是建筑本身
3. 国王大道是花园最精彩的部分，拥有私人花园中难得的气势感
4. 车行空间都拥有非常精致的景观

格雷厄姆和艾伦来到这里时，这里一片荒芜，之后他们利用每周的假期往来伦敦进行花园的打造，正是凭借着他们两人对花园的热爱和创造力，才在这片平凡的土地上创造出美丽的花园。

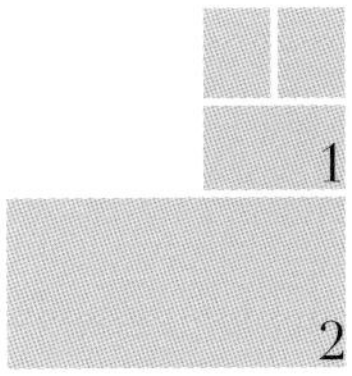

1. 花园的主人有完整的国王大道建造过程中的照片，对比昔日的荒芜和今天的优雅与精致，一草一木都书写了花园与主人密不可分的关系
2. 花园至今仍未完工，每年总有一至两个施工计划等待更新

1990年至今，东拉斯顿老牧师花园发生了巨大的改变，在32英亩（约13公顷）的土地上，两位主人创造了拥有13个景点的花园，包括荷兰花园、国王大道、异国情调花园、箱形花坛、下沉玫瑰园、地中海花园、沙漠植物园和林地花园等。

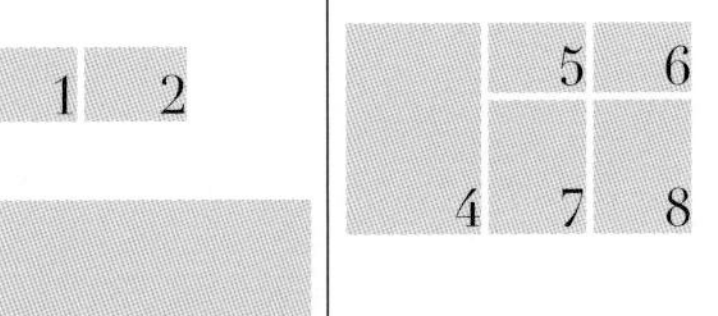

1. 边界和座椅都倾注了主人的热情
2. 整个花园都洋溢着夏天的梦幻
3. 花境的色彩热烈而充满活力
4. 框景和聚焦在花园中运用得当
5. 运用植物围合的一个个小的私密空间
6. 娇艳欲滴的玫瑰
7. 花床上种植着各种花境
8. 古典雕塑

荷兰花园

在房子的西侧，客厅的窗户可以清晰地看到它，每到春天这里进行郁金香展示。这里还有一间温室，墙面上攀爬着哥伦比亚攀缘玫瑰（Columbian Climber），散发着幽香。

国王大道

整个花园最精彩的部分，通过红砖拱门，可以看到长长的通道，修剪整齐的高绿篱作为空间围合。金字塔形的紫杉树与金字塔形的亭子形成巧妙的呼应关系，让整个空间也更具对称性。

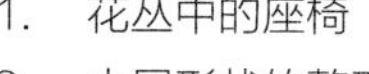

1. 花丛中的座椅
2. 小屋形状的整形绿篱
3. 花园中悠闲散步的小猫
4. 铁线莲步道是花园的一大亮点

1
2 3

1. 廊架为手工打磨而成
2. 木质凉亭也掩映在花境中
3. 铁线莲拱门聚焦的是经典欧式花钵和花池组景

异国情调花园

一面以长廊做屏障，另一侧是两个长方形水池，一个水池种满睡莲和水生植物，一个水池设计了内向转动的水景雕塑，周围种植着香蕉、棕榈树、姜花、凤仙花等植物。

1. 被植物包裹的红瓦屋顶
2. 野花草甸可以呈现出非常奇妙的质感
3. 所有的小品构筑物都就地取材采用原生态材料

沙漠冲刷花园

原场地沙化比较严重，格雷厄姆和艾伦利用了这一特点，做成了旱溪花园，运用耐旱植物，如凤梨、罂粟、万寿菊、矢车菊和洋甘菊，每年都会再生，并形成别致的花园。

EAST RUSTON
OLD VICARAGE

我认真地询问东拉斯顿老牧师花园的花园管理师，他说这里有各种不同风格的花园，用绿篱隔开形成花房，栽种植物。花园中不同的季节有不同的颜色、不同的花次第开放，让人流连往返，把逛花园当成会友交友、生活的组成。

整个花园低调而奢华，入口是不起眼的大树华盖下的小木屋，通过狭长的绿廊进入茶餐厅广场空间，目之所及有喝着下午茶的英国贵妇，也有捧着书的“花痴”、辛勤的园丁、赏园的游客……

位于国王大道的神舍是整个花园的中心，稠密的欧洲栎树围合中有玫瑰花的十里芬芳，有碧冬茄的空中怒放，有百合花的香艳迷人，也有燕麦草的无限生机……尽管是夏天，不同品种、不同颜色的柏树搭配得恰到好处。

英国花园的小品建构大多是红砖与砂岩、青铜与木椅、沙砾与钢板等，同样在空间里扮演着重要的角色。

Follers Manor Garden

英国艺术花园

2009 年建成的私人花园

曲线的诱惑，优雅与灵动，友好而多彩

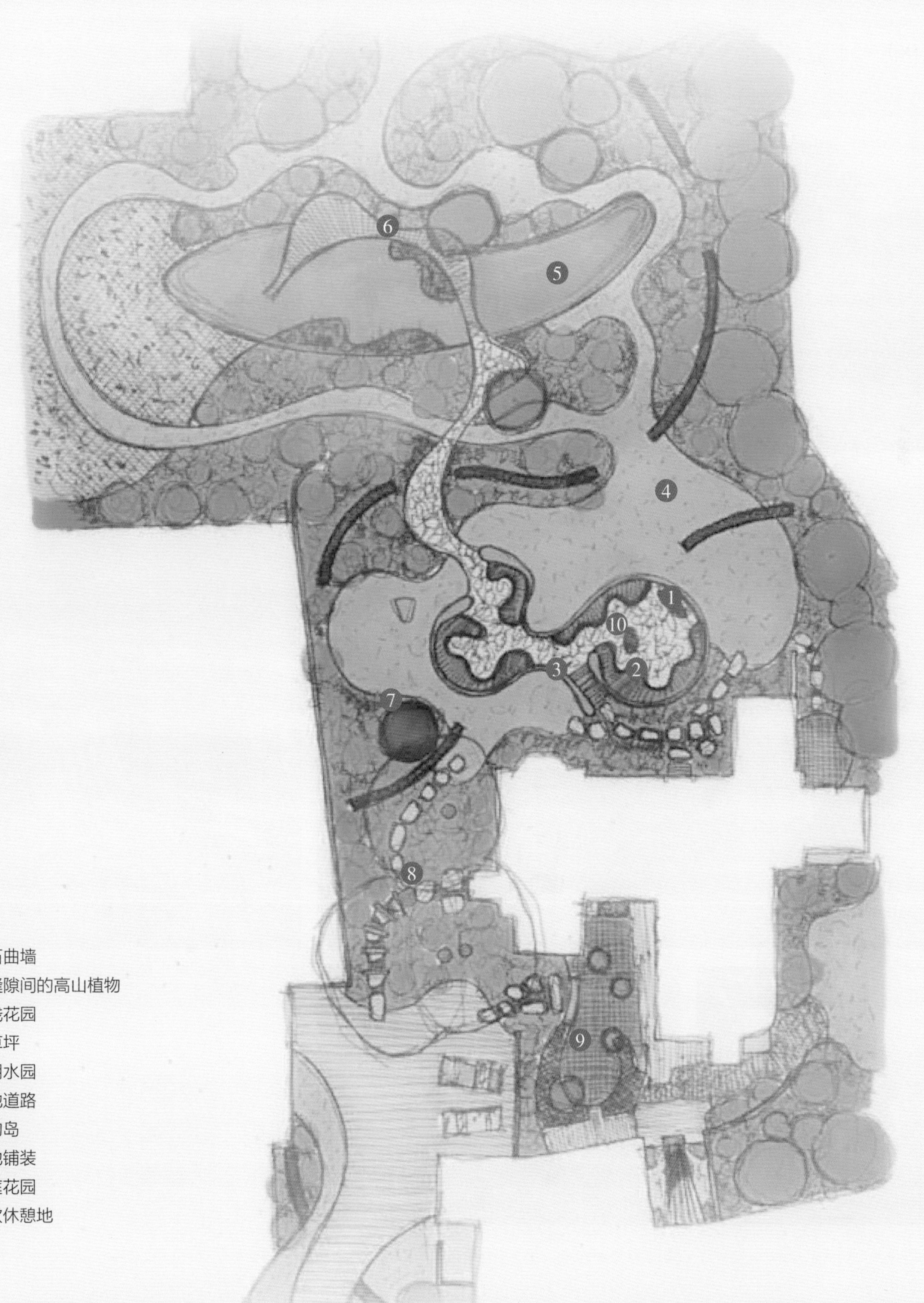

1
2
3
4
5
6
7
8
9
10
1 岩石曲墙
2 石缝隙间的高山植物
3 曲线花园
4 大草坪
5 小湖水园
6 坡地道路
7 植物岛
8 坡地铺装
9 中庭花园
10 餐饮休憩地

1 2
3 6
4 5

1. 整个花园拥有极致的自然野趣
2. 野花草甸围合下的座椅美得让人想立刻置身其中
3. 参观的小路与自然无缝衔接
4. 高处俯瞰，自然与人工非常和谐
5. 在这里待上一整天都不会厌倦
6. 建筑平台紧邻特色垒石墙

英国艺术花园位于英国南部东萨塞克斯郡的阿勒斯顿，是一处私人花园，2009年建成。

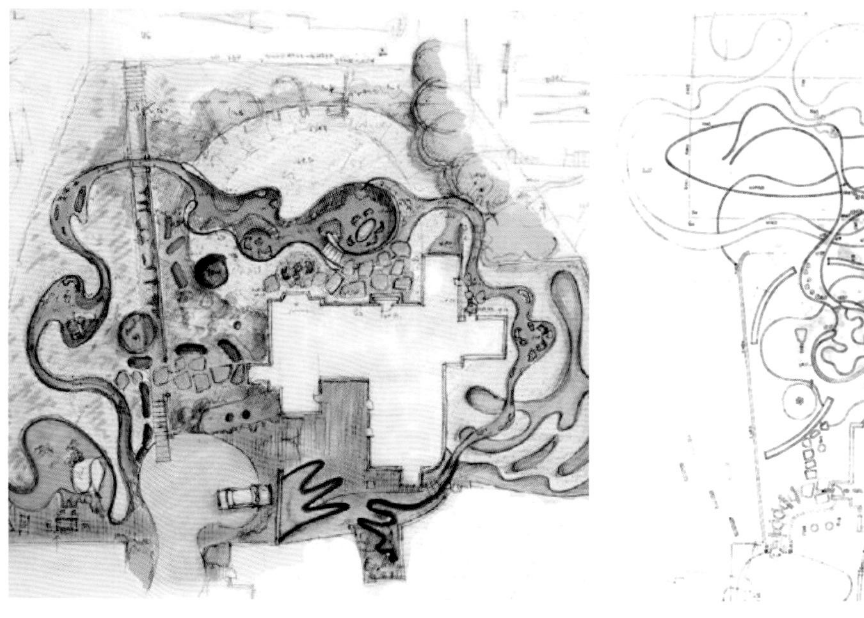

考察英国各种花园我们得出一个结论，有点规模的花园一般都有如下元素构成。

建筑边沿的花园，通常以餐饮休憩等与建筑使用性相关的功能分区以及以观赏为主的小花园；略微远离建筑的花园，以果园、大草坪、水景观（湖、水池等）作为主体景观构成；花园的外围基本是林地和附属花园、专门的马车道等。

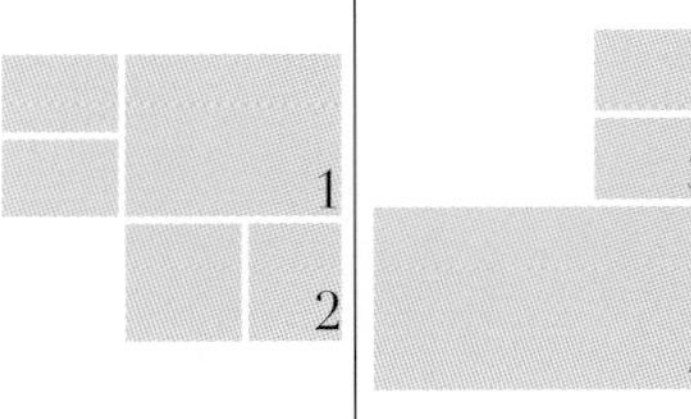

1. 岩石曲墙其实还是挡土墙，艺术性地丰富了地形还勾勒出草坪花境的曲线
2. 设计师手绘草图推敲过程以及最终定稿施工图
3. 石缝隙间种植高山植物，这些需水量少，喜欢透水和冷凉环境的多肉和石竹等都是岩缝种植的好材料
4. 安妮夫妇的整个别墅及花园都营造在坡地上，而设计师伊恩·凯特森将曲线的美融入了这个花园设计当中，给我们呈现出的是田园诗般的画面

水园栽植的黄色蓍草倒映在池水中，莲花靓丽得要闪“晕”了人，远处的牧场围栏，近处的木地板画出流畅的弧度。这宛若仙境的花园就在大家眼前。倘若植物会唱歌，眼前的景象一定是一曲悠扬婉转的合奏交响，所有的植物映衬配合，默契得恰到好处。诠释了花园主人的情怀，有山有水，有花有草，闲庭雅致，如同世外桃源之地。这里环境好到鸟儿都喜欢居住建巢，朴实无华的房子和艳丽无比的花园形成的对比在告诉我们，生活在花园中是为了融入自然，享受生活。

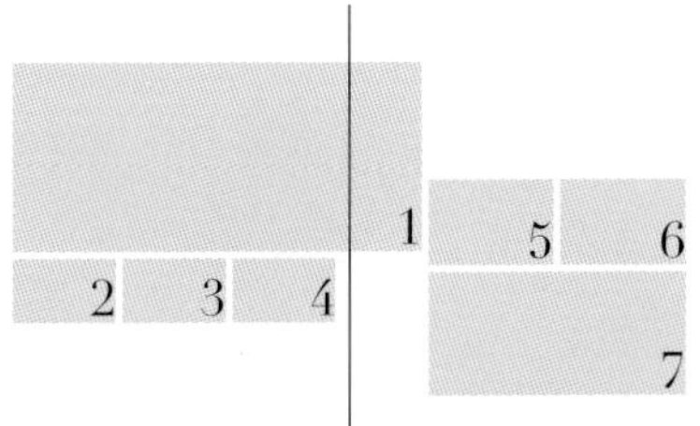

1. 空间处理巧妙，视觉开合自如，无论哪个角度都是一处新景色
2. 现实世界中的梵高《睡莲》
3. 从入口花园到岩石园再到小湖水园的路是一条坡地道路，两边以观赏草为主的种植设计让人着迷，不论从高矮形态以及颜色，那种节奏的韵味让我们足以忘记去发现种植搭配的规律
4. 椅子使野趣的花丛有了灵魂
5. 坡地上的植物岛曲线设计
6. 自然感的庭院里，铺装没必要非得规规矩矩的，这个区域是由大石块和立砌砖所组成的坡地铺装，自然古朴而美好，冷暖色调相间的砖材也让这铺装增加了现代感
7. 各种野花组成的草甸欢迎昆虫授粉

1 2 3

1. 侧面有一角更加私密的休憩地，安静而舒适
2. 花园的一隅，看似随意的摆放又是精心为之
3. 我们一行人和花园主人在屋前合影

follers**manor**

此次拜访游学的英国艺术花园是女主人安妮（Anne）与她丈夫的一处私人花园，安妮热情地给我们介绍其艺术花园由前庭花园、台地岩石花园、混合草园、水园、菜果园及休闲花园等组成，巧妙借景大山的景观融合在一起，一处世外桃源。

与花园和谐相处的时光让我们感到无限美好，安妮夫妇也认真询问，并和我们交流了中国庭院，特别对涵月楼和思南公馆花园惊叹不已，我赠送了我的书。艺术是没有国界的，热爱花园是我们共同的生活方式。

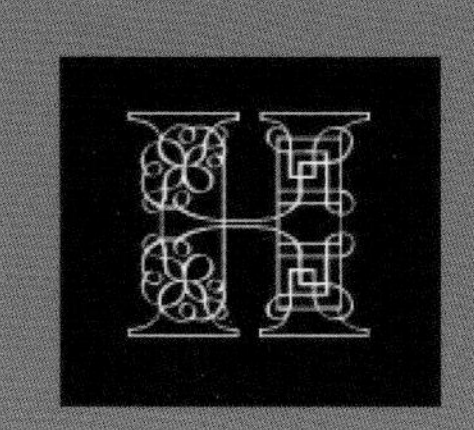

Hestercombe Gardens
海斯特科姆花园

三个世纪的园林设计

谱写出一曲波澜壮阔的花园赞美诗

并成为影响英国各地的一代花园

海斯特科姆花园占地50英亩（约20公顷），是跨越三个世纪的花园设计。花园在854年的盎格鲁-撒克逊宪章中首次被提及，从1391年到1872年，一直由沃尔（Warres）家族拥有。在漫长的岁月里，海斯特科姆花园经历了多代主人，拥有辉煌的花园历史。

1. 著名的爱德华时期的梯田花园，形成花园宏伟完整的立面
2. 格鲁吉亚时期的喷泉、垒石和水景

格鲁吉亚景观花园（设计于1750年）

1750年，房子的主人也是设计师乡绅班普菲尔德（Bampfylde），将房子周围的场地布置成一个典型的格鲁吉亚风格的时尚景观花园，有新古典主义的雕塑、水景和瀑布，融合了避暑别墅及其山谷上下花园的框架景观。

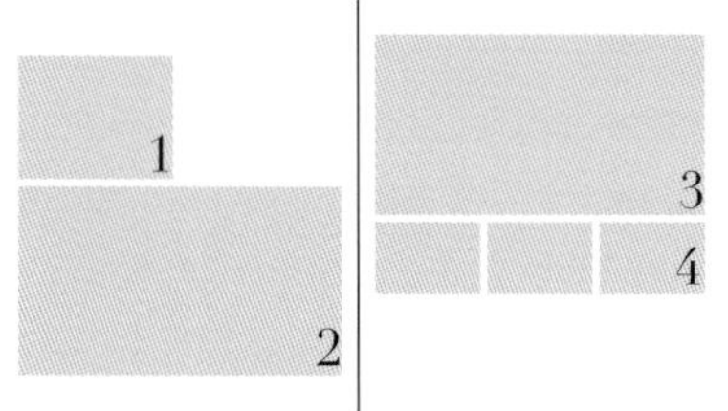

1. 花园位于萨默塞特郡的一座高地，可以远眺整个城市
2. 以密林为背景的海斯特科特姆花园
3. 花园是著名的婚纱摄影和举行婚礼仪式的场所
4. 植物的色彩是整个花园最杰出的部分

维多利亚灌木丛和爱德华时期的正式花园（1900 年）

当时的花园主人爱德华·波特曼（Edward Portman）委托埃德温·卢琴斯爵士（Sir Edwin Lutyens）和格特鲁德·杰基尔（Gertrude Jekyll）的建筑师及园艺团队，创造一个艺术和手工艺风格的新爱德华时代花园。格特鲁德·杰基尔是最早将色彩理论融入其设计中的园艺师之一，他借鉴了印象派画家的作品，并将纹理作为布置花园的基本要素。

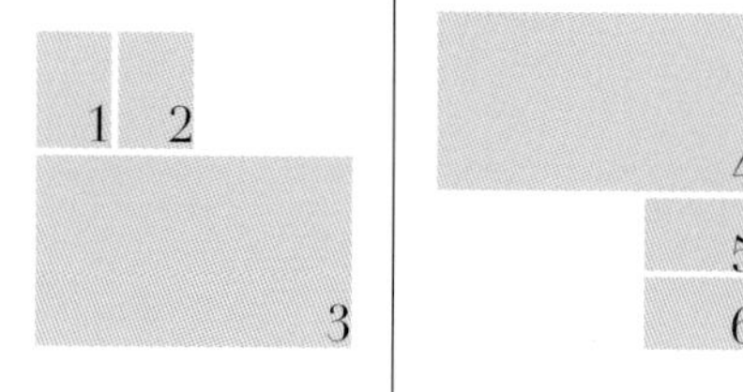

1. 蜿蜒的河水中有一只只白色的天鹅
2. 墙垣上攀爬着各种爬藤植物，比如风车茉莉
3. 由杰基尔搭配的大花坛，站在房间或露台上都能清晰看见，非常壮观
4. 著名的荷兰花园，深秋打造的是一个银白色的世界
5. 橘园里的一级历史保护建筑
6. 拥有悠久历史的葡萄架

维多利亚时代露台和灌木丛

包括一个19世纪的紫杉隧道，重要的梯田花园是爱德华时期的代表，将花坛与耐寒的草本结合起来，一百年来形成花园宏伟完整的立面。建筑朝南的任何一扇窗户都面对着世界著名的大花坛，植物色彩由花园设计师杰基尔进行搭配。这是一个巨大的下沉花坛，几何形状的边界以石头为边缘，南侧以凉棚为边界框住这个花园，从不同的视角看，它都与周围乡村保持“联系”，并成为其一部分。

室内植物园

由卢琴斯爵士设计，已被列为一级历史保护建筑。橘园东侧是一个大型的荷兰花园，由屋顶和挡墙形成一个围合的空间，各种多年生植物竞相盛开，如中国玫瑰和矮薰衣草。

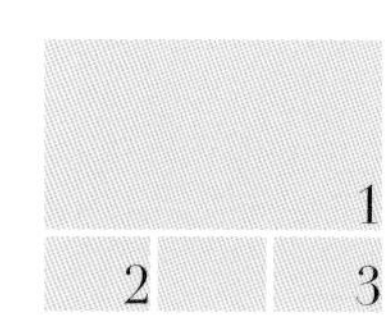

1. 鸟瞰大花坛和维多利亚时代露台是充满规则之美的，只有行走其间才能体会它的变化和丰富的色彩组合
2. 视线穿过大花坛看向建筑本身，由于高地差，建筑彰显气势
3. 荷兰花园的色彩搭配极为考究，冷色调的植物与橙红色的屋顶和陶盆形成鲜明对比

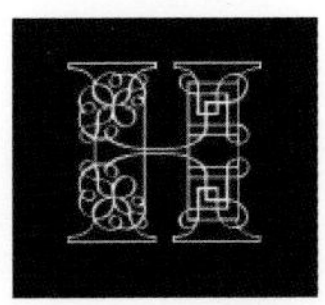

这座美丽的花园一直由海斯特科姆花园基金会管理。这种由花园主人成立基金会，并日复一日、世世代代维护的模式在英国并不少见。这同样也是英国花园能传承下去的重要原因。

海斯特科姆在英国花园中小有名气，它的唯美和浪漫总是受到各种很快步入婚姻殿堂的人的期待，我们参观时是英国阴霾的秋天，却仍然有新人在拍婚纱照，这一切都和他们讲究色彩和搭配的设计师分不开。如果让我选择我愿意再次参观的花园，这里一定榜上有名。

Houghton Lodge Gardens

霍顿别墅花园

英格兰最受欢迎的乡间别墅

——《乡村生活》

18世纪末，英国公园和花园逐渐从规整布局和种植手法转向到“自然”园林风格的渴望，对自然界的敏感度增加，以及如画运动对自然风格的影响。霍顿别墅花园就是以“自然风格”设计的18世纪非正式花园的迷人典范。霍顿别墅建于1799年，原先是作为钓鱼小屋，建筑选用汉普郡山谷村庄的圆形茅草结构和灰泥墙，非常具有当地特色，霍顿别墅的重要性与其规模不成比例，它在建筑和历史上都具有一定意义。如今建筑和花园都被列为英国二级重要遗产。

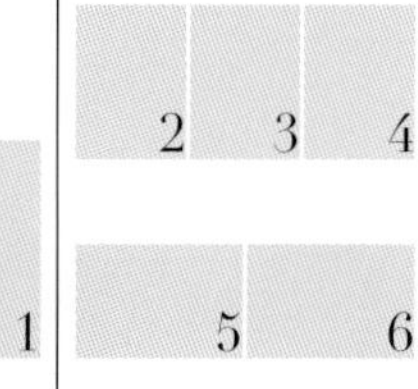

1. 建筑自然淳朴具有当地风格
2. 英国最好的玫瑰拱廊之一
3. 花园面积不大，但是有情趣的小景很多
4. 铁艺拱门小巧精致
5. 围墙花园有着丰富的层次和色彩
6. 葡萄藤宛如绿色的波浪，柔和了墙面

带围墙的厨房花园

这里的围墙建造得非常高，屋顶上铺有松散的瓷砖，以阻挡当时的入侵者。古老的墙壁上装饰着壮观的梨树、油桃树和李子树。厨房花园的场地上种植着无花果、猕猴桃、覆盆子和草莓，花园里种植着超过32种苹果树。秋天，这些苹果都可以在花园的商店里买到。

1

2

1. 花园小门和整个花园的柱廊相吻合
2. 厨房花园的植物攀爬在古老的围墙上

1. 花园面对着清浅的河流，河流上是一群白天鹅，一派悠然自得的田园氛围
2. 两张放置在河边的椅子，可以在这里发呆一个下午

1

2

河流景观

霍顿别墅位于河流的上方，水体非常清浅，背景是汉普郡郁郁葱葱的植被和河流沿岸的水生植物，水面上有许多白天鹅，坐在椅子上静静地看着小河，都是一种精神的放松和慰藉。

孔雀园

一个有着美丽的绿色雕塑的孔雀花园，这些美丽的鸟类是用纸箱和紫杉木制作而成的。

孔雀园是规则式花园，菱形的模纹花坛给花园带来新的变化。

1

1. 孔雀园强调模纹的图案精美，同时丰富了迷你花园的种类和视觉观感

1. 充满魅力的花境配置
2. 薰衣草作为边界植物，展现浪漫的色彩

兰花花园

这里种植了来自东方的兰花，以及其他来自世界各地的植物种类。

1. 墙面上是在这里举办婚礼的照片
2. 花园的女主人和她的狗都非常友善和热情
3. 午后阳光下，坐在花丛中，就是幸福

霍顿别墅是典型的英国乡村花园，整个花园设计非常简单，可以感觉到有意地避开所有的炫耀或华丽的装饰。植物种植得非常舒朗，房子和花园彼此协调，带着一种居住在那里的舒适感，可以打开落地窗，就会觉得花园涌入房子，房子进入花园。

花园沿河部分也让人印象深刻，或者说是无与伦比的和谐和生态的乡村氛围，蜿蜒流淌的河水，历经百年，像写了一首优美的乡村赞美诗。

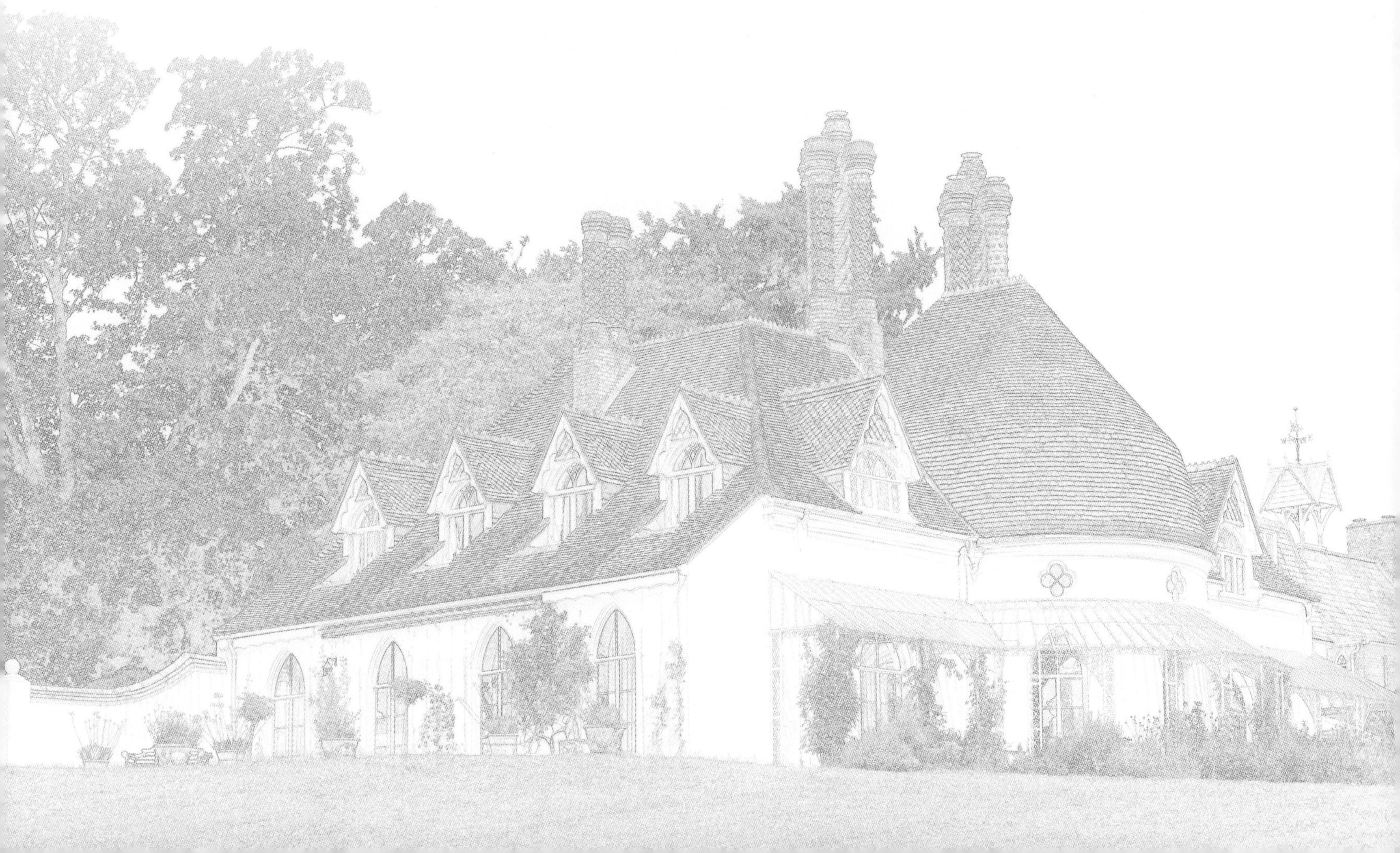

Kiftsgate Court Gardens

凯菲兹盖特花园

清晨，晶莹的露珠滴落在芍药的花瓣上

仿佛拥抱着一整个春天

拥有三代女性设计师的花园

正用它的柔美和清新征服每一个到访者

第一任花园主：希瑟 · 缪尔（Heather Muir）
第二任花园主：黛安娜 · 宾尼（Diany Binny）
第三任花园主：安妮 · 钱伯斯（Anne Chambers）

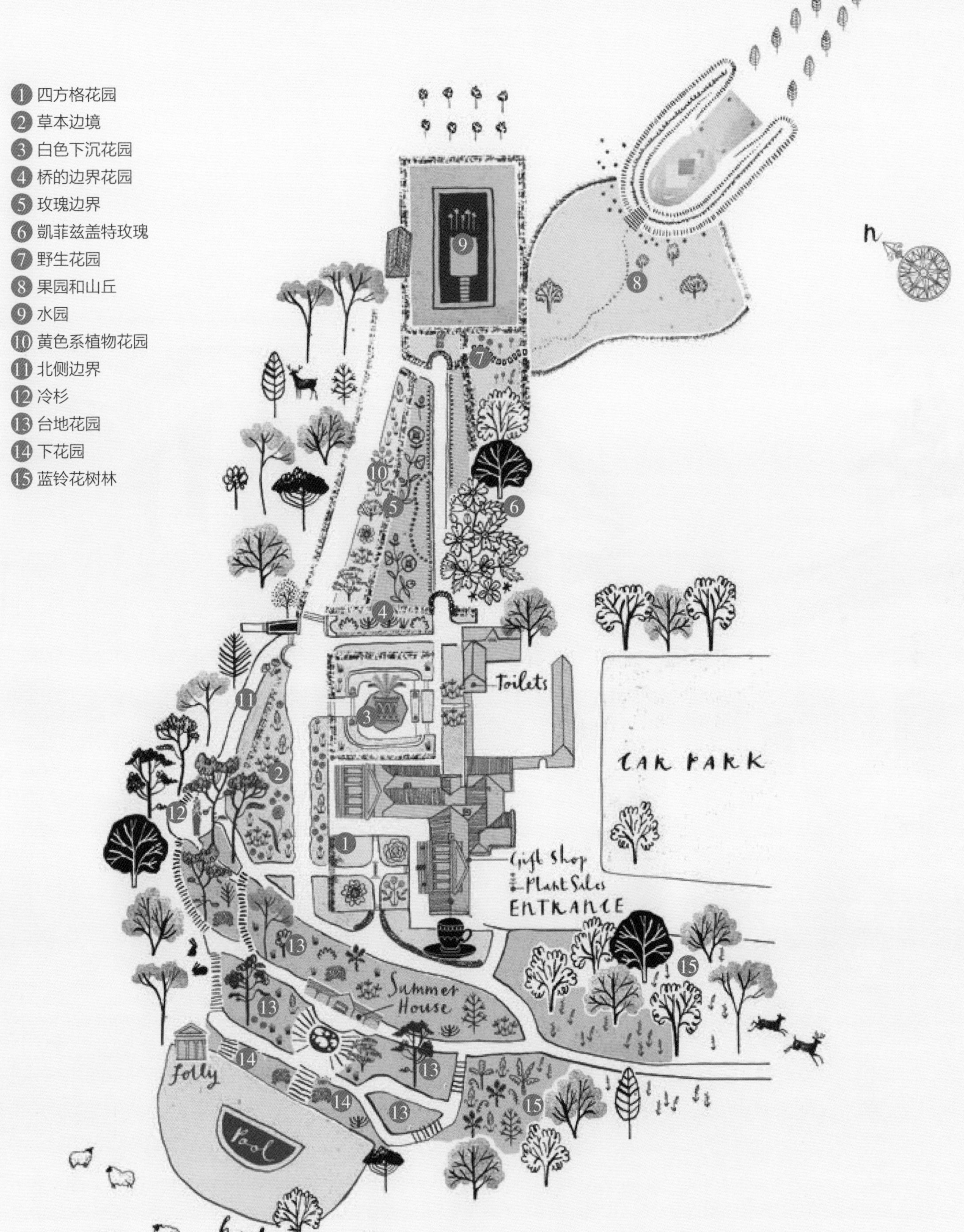
1 四方格花园
2 草本边境
3 白色下沉花园
4 桥的边界花园
5 玫瑰边界
6 凯菲兹盖特玫瑰
7 野生花园
8 果园和山丘
9 水园
10 黄色系植物花园
11 北侧边界
12 冷杉
13 台地花园
14 下花园
15 蓝铃花树林
Toilets
CAR PARK
Gift Shop
Plant Sales
ENTRANCE
Summer House
Folly
Pool
ha-ha

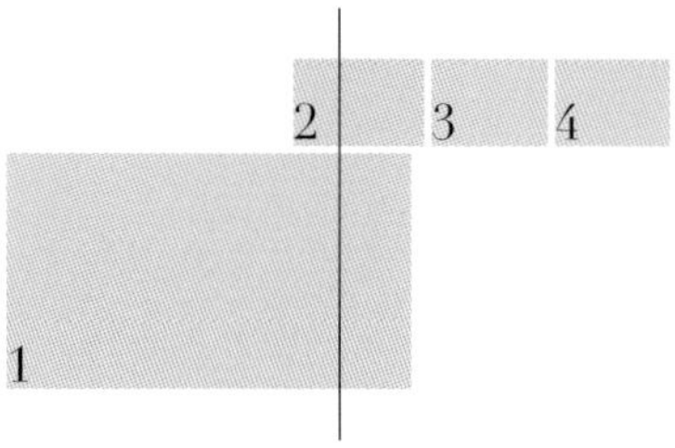

1. 房子的前面是四个长方形的种植床，混合种植了稀有的灌木和多年生植物
2. 闲暇时光可以在花园里看花开花落
3. 爬满攀缘植物的主楼和四方格花园
4. 紫藤背后的格鲁吉亚门廊追溯回这个花园悠远的历史

凯菲兹盖特花园位于英格兰最美的格洛斯特郡科茨沃尔德，庭院有三代相传的女主人。就在我们参观的希德寇特庄园花园（Hidcote Manor Garden）的对面不远处。当年两家的园主人是好朋友，现在希德蔻特庄园主人奈杰尔（Nigel）已将花园捐赠给国家名胜基金会管理将其保护性开放。而凯菲兹盖特花园经过祖孙三代人的手，至今仍由安妮（Anne）和她的丈夫亲自打理着，而且他们一家就住在园中的凯菲兹盖特别墅（Kiftsgate Court）里，我们团队与女主人安妮进行了深入探讨与交流，为她的执着和热爱而感动，那么多花卉品种在院子里争相斗艳，一场花色的艳遇，一种生活的状态。

安妮深情告诉我们：花园是她的奶奶希瑟·缪尔20多岁的时候创建的，她的母亲宾尼于1950年继承奶奶的衣钵，继续打理并照顾花园，现在这个花园由她和她的丈夫接手。三代人建造的花园能够让所有人感到愉悦，她们在花园里栽植了和谐色调的花朵，重现温暖的花园氛围和家的氛围，让每一个人来到这里都兴致勃勃地游览。花园在近年又进行了新的设计，加入了一个当代水教堂花园，为花园的繁荣提供安宁、秩序和举行婚礼的场地。

四方庭花园

位于“L”形建筑围合空间，庭院显示出三代女主人的喜好和追求，整个花园特别的温婉雅致。首先吸引我的就是一片片上墙的攀缘植物，是英格兰最壮观的蔷薇花，足足有10米多高。

走到花园中部，可以看到最经典的英式花境，月季、牡丹、芍药、铁线莲、郁金香等各种柔和的色彩在这里调和，尤其看到比脸还大的牡丹花，让我想到牡丹的发源地——中国河南洛阳、山东菏泽。在这样一个方庭花园内，无论是育种和应用都让我们为之汗颜。芍药也红得如此热烈，好像要抢去这个花园所有的风头，肆无忌惮地开着。这些花有的开在屋角，有的爬上屋檐，将整座宏伟的建筑衬托出女性的浪漫和唯美，打造出一个脚步不愿离去的空间。

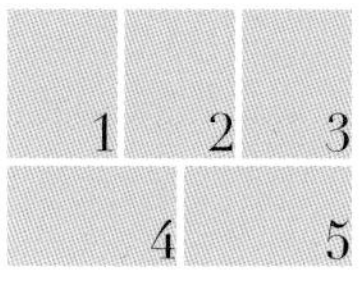

1. 如花海般垂挂下来的紫藤花也正开得绚烂
2. 满架蔷薇一院香
3. 聚花美洲茶
4. 芍药
5. 牡丹

白色下沉花园

这里以开白色花的植物为主，比如白色的花葱、白色的郁金香、白色的蔷薇和月季、白色的百合花、白色的延龄草、白色的地涌莲花等等，后来安妮陆续添加了其他花种，原本的纯白色蔓延出许多丰富的色彩来。女主人从切尔西花展上淘来的水井给整个白色下沉花园带来几分沧桑感。

1. 蓝色的铁艺座椅，让我充分感受到女主人对于色彩的敏感和对浪漫气息的把控
2. 无拘无束的种植形式和色彩

现代水花园

新改造的现代水花园，是这代女主人的杰作，由高大的紫杉树篱围合起一个干净、简洁、纯粹的空间。水池中心的雕塑是西蒙·艾里森（Simon Allison）的设计。水珠从24片金色的心型蔓绿绒叶中缓缓流淌下来，滴落在纯黑色的水池中，仔细听还能听到叮咚的响声。这个水花园还有婚礼堂的功能，我们可以设想一下，一对新人穿着纯白的礼服，在这个纯净的空间内宣誓，是何等的圣洁而美好。

1. 由旧网球场创建的新水上花园。在这个封闭的空间中，纯净内敛的黑色、白色和绿色设计与其他地方的丰富和色彩形成鲜明对比
2. 镀金的青铜叶浮在水面，在风中轻轻摇曳。炎热的午后，水流从树叶中叮咚落下清新恬静

特色边界花园

从现代水花园经过特色边界花园，一边边界是简单的绿篱，另外一边是丰富动人的色彩的集合，火红的枫树，红色的郁金香，美洲茶、迷迭香、羽扇豆和金叶桧柏等植物，错落地以迷人的姿态互相守望着，似乎预示着最精彩的部分将要来到我身边，边界花境让我想起“乱花渐欲迷人眼、踏花归去马蹄香”。

1. 边界种植了灌木，小树和草本植物的混合物。这个夏季边界的主色调是亮黄色，粉红色还有紫红色的叶片
2. 黄色边界花园主打开黄色花朵的植物
3. 水上花园入口前面的现代感雕塑

月池花园

当我在山坡上的方庭花园往下看时，突然听见小伙伴大呼一声，一个美丽的半月池映入我们的眼帘。这一刻突然想起徽州宏村的半月池，一池碧水倒映着天与地和水池边的我们。沿着山坡往下走，半月池越来越近，原来是一个泳池。花园的第一代女主人就想到了边游泳边观赏英国科茨沃尔德地区最美丽的乡村景色，当我坐在崖边，往远处看，越发觉得这真是一个绝妙的主意。

1. 可以看到莫尔文远处的山丘
2. 树枝倒影在月池花园中本身就是一幅画
3. 英国花园的借景让小花园也融入大自然中

成群结队的山羊在草地悠闲自在，我仿佛融入自然中，心情高远。当我恋恋不舍地离开，相机的镜头不经意间捕捉到两个活泼的英国小女孩，在草地上翻着跟斗，画面和谐生动，让我也跃跃欲试。

花园空间与自然巧妙相融，台地月池与人们对光影生活的美好理解有很大关系，而代代相传的花园诠释了花园不是一日之功。

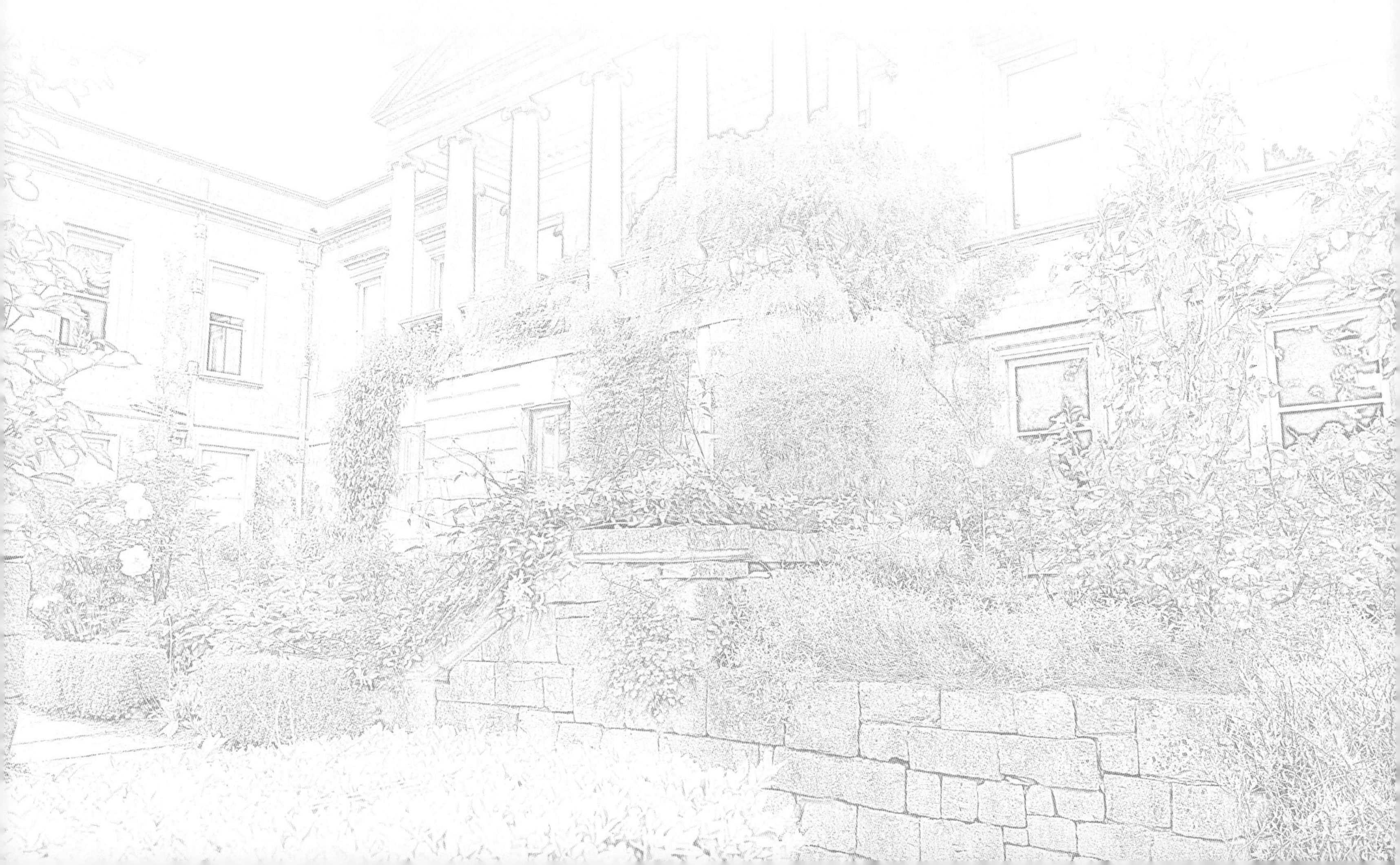

Knoll Gardens

诺尔花园

“了解草的起源及其对更广泛生态系统的贡献

激励我们以不同的方式看待花园

草可以让我们深入了解一种工作方式

与一种园艺方法

将对适应性、易用性和纯粹简单性的关注与

最惊人的美丽效果相结合”

——尼尔·卢卡斯

OLD THATCH

诺尔花园是英国领先的观赏草专业苗圃。

19世纪70年代，诺尔花园首次向公众开放，旁边是诺尔市场和苗圃，在场地上，还培育了许多杂交品种杜鹃，包括第一个杂交的南非金钟花——非洲女王。

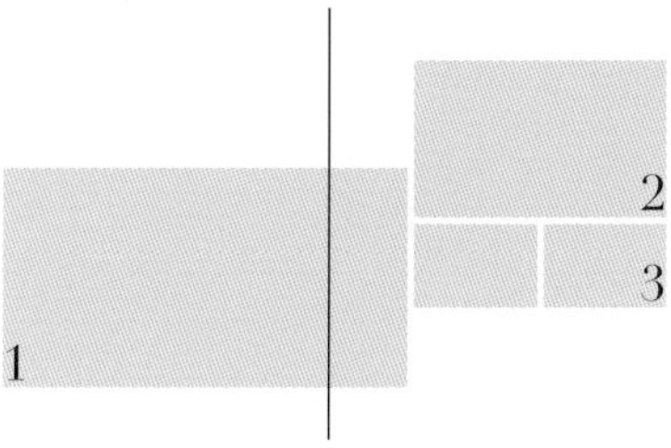

1. 花园中心的小屋是用当地材料建造的
2. 小屋内简单温馨的咖啡馆
3. 诺尔花园是英国领先的观赏草公司

1988年，新主人将其名称更改为诺尔花园，与原来的苗圃名称保持一致。开发了更多正式的花园区域，这些花园首次出现在BBC电视台的《园丁世界》栏目中。

1994年，国际知名的园丁和诺尔花园的所有者尼尔·卢卡斯（Neil Lucas）及团队一起打造了一个完美的自然主义花园，在边界围墙处种植了美洲茶、水红木等。

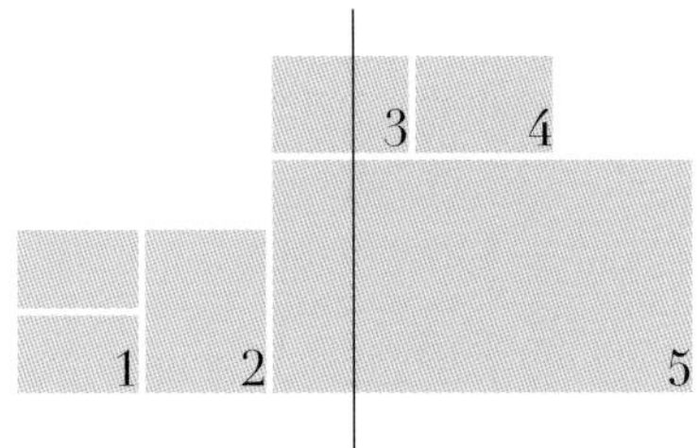

1. 花园不同的区域都遵循着用最少的资源换取最大最壮观的结果这一目的
2. 灯具的选择都轻灵而自然
3. 每一个空间都是“低投入，高影响”自然园艺的快乐结果
4. 花园专注发展自然主义风格
5. 花园无缝地融合了优雅的草，为引人注目的多年生植物增添了戏剧性

2008年，创立了诺尔花园基金会（Knoll Gardens Foundation）慈善机构，该基金会致力于激发他人创建野生动物友好型花园。

今天的花园无缝地融合了优雅的草，为引人注目的多年生植物增添了戏剧性，与高大的乔木和灌木的形式和结构相得益彰，四季都呈现出色彩和趣味。

1. 空间选择的花园装饰物都拥有自然与岁月的肌理
2. 独特的观赏草世界
3. 每个花园都拥有一个季相的图文介绍
4. 花园外围墙简单布置
5. 以植物为边界

现在诺尔花园已成为英国观赏草的权威，花园专注一系列观赏草和多年生花境植物的研发和培育，并持续研究发展自然主义风格，还进行一些创新性项目的研究，比如雨水花园等。

诺尔花园在观赏草领域拥有极高的声誉，我们慕名而去，满意而归。观赏草的叶片通过色彩和质感的变化会产生有别于花境的效果，极具韵律美和动感，同时观赏草还有适应性强、养护管理相对粗放的优点。

诺尔花园无缝融合了优美的草，与引人注目的多年生植物增添场景感，与高大的乔木和灌木一起成为群落，在不同的季节，呈现不同的色彩和观赏趣味性，成为人类和野生动物的避风港。

Lanhydrock Garden
兰海德罗克花园

这个花园神秘又美丽

秋日的阳光穿过树枝

整个庄园的草地闪闪发光

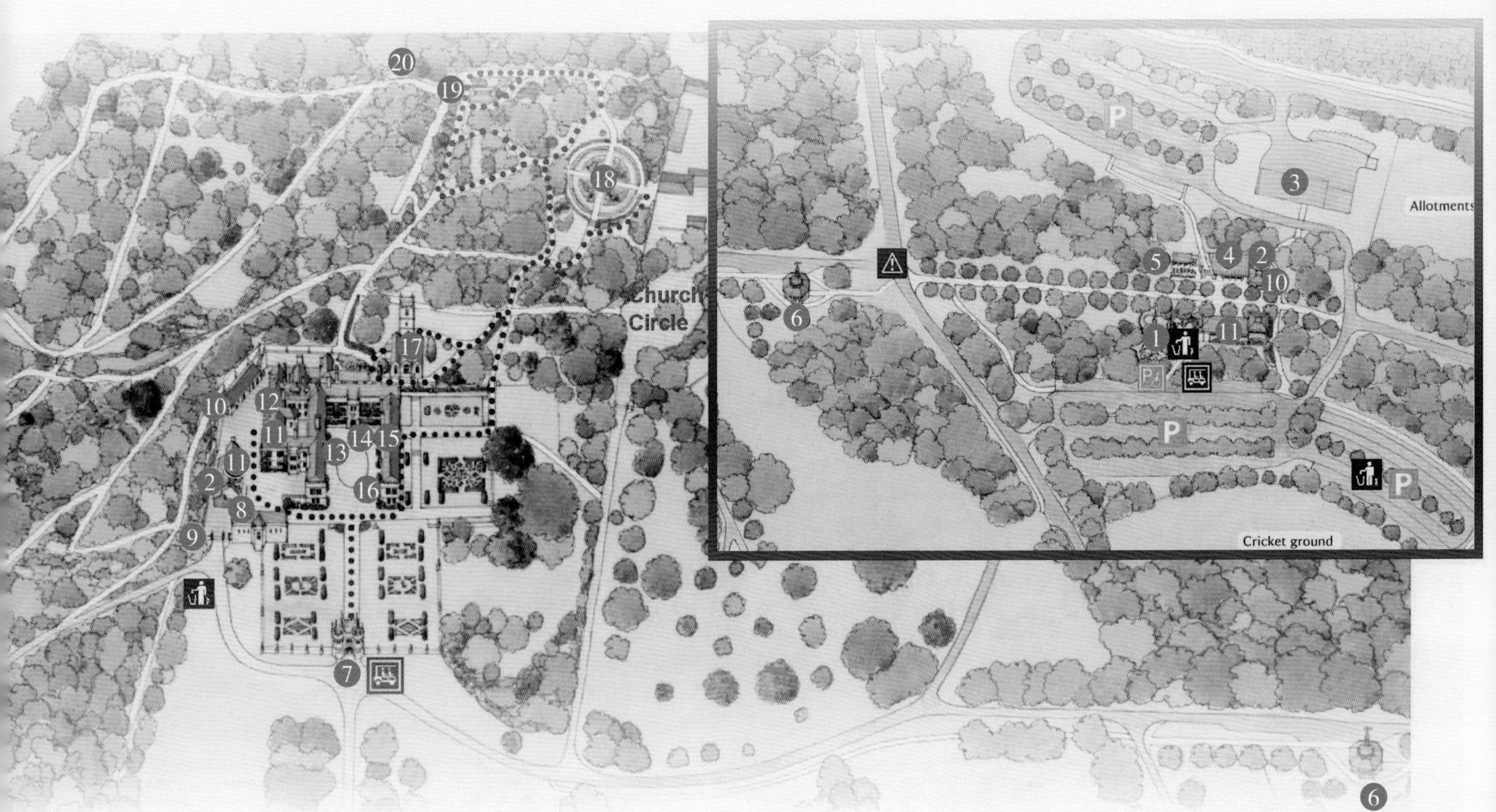

1 冒险游乐场
2 公共卫生间
3 长途汽车停车场
4 自行车租赁中心
5 工厂中心
6 访客接待中心
7 门房
8 二手书店
9 宠物暂放区
10 亲子房
11 餐厅
12 物业管理处
13 婴儿车商店
14 房屋入口
15 商店
16 教学中心
17 教堂
18 草本花境
19 茅草屋
20 木兰隧道

兰海德罗克花园位于英格兰康沃尔郡，是宏伟的维多利亚晚期乡间别墅，建于1857年，原建筑在1881年毁灭性的大火之后，翻新成维多利亚风格。

该城堡占地890英亩（约360公顷），其中包括公园、绿地，还有古老的林地和宁静的河畔小径。

1. 关于兰海德罗克花园的传说有很多，为花园平添神秘的色彩
2. 进入庄园的路是欣赏康沃尔郡起伏丘陵的过程
3. 花园建在高地上，围墙外观赏者需要仰视整个建筑
4. 秋色渐浓的花园小路

这座乡间别墅有城堡式的入口和围墙，主建筑气势磅礴，朝前望去是康沃尔郡柔和起伏的丘陵地形。与主建筑匹配的是广阔的花园和花坛，墙垣边是美丽的草本边界。

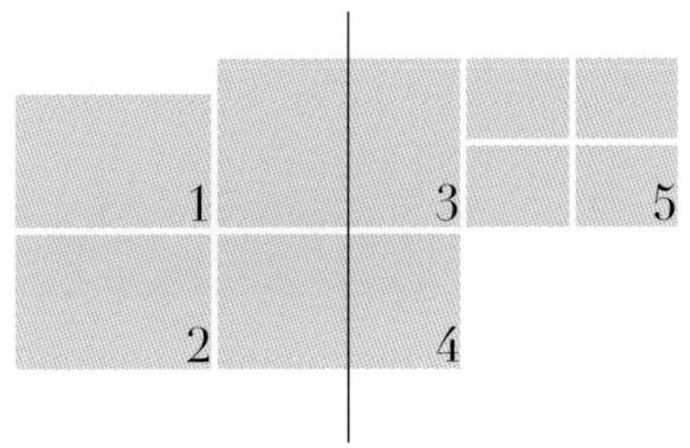

1. 精致的模纹花园
2. 拥有城堡式入口
3. 各种爬藤类植物爬满古老的建筑
4. 维多利亚风格建筑历经百年风霜
5. 整个花园与周围环境融合

1

2

1. 丰富茂密的植物群落
2. 室内布置了很多历史悠久的摆件

花园将掉落下来的树枝和树木留在原地，为庄园中的昆虫创造栖息地，也为真菌提供了一个美妙的温床。

建筑上丰富的攀缘植物记录着别墅的漫长岁月。

Lanhydrock

我们到达的时候还是英国秋天最常见的阴霾天，离开前光芒万丈，天碧蓝碧蓝的，金色的、红色的、绿色的树叶交织在建筑的上空，亮晶晶地闪着光芒，翠绿色的草地好像绒毯一般，和古老的建筑构成美妙的画面。

Minack Theatre Rock Garden

英国悬崖歌剧院岩石花园

太阳落山时，在剧院的草地上野餐

看到蜥蜴灯塔在芒特湾矗立

听着海浪拍打着舞台下面的花岗岩悬崖

世界上没有其他地方能给你这样的回忆

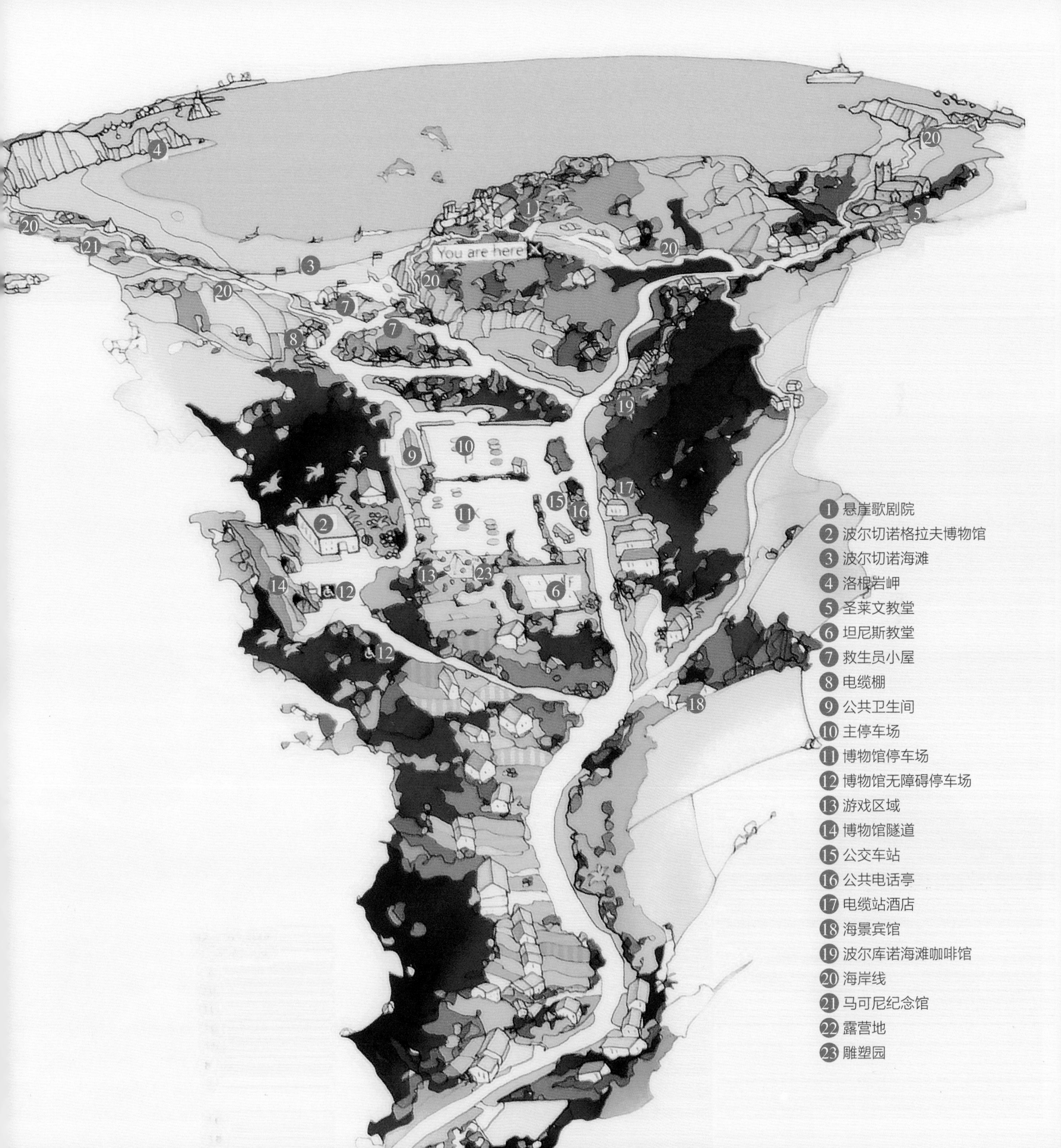
You are here
1 悬崖歌剧院
2 波尔切诺格拉夫博物馆
3 波尔切诺海滩
4 洛根岩岬
5 圣莱文教堂
6 坦尼斯教堂
7 救生员小屋
8 电缆棚
9 公共卫生间
10 主停车场
11 博物馆停车场
12 博物馆无障碍停车场
13 游戏区域
14 博物馆隧道
15 公交车站
16 公共电话亭
17 电缆站酒店
18 海景宾馆
19 波尔库诺海滩咖啡馆
20 海岸线
21 马可尼纪念馆
22 露营地
23 雕塑园

这里有绝美的风景、独有的岩石花园与唯美的故事：这是在英国的最西南角一个名叫波斯科诺(Porthcurno)的渔村小镇，它与中国海南一样也是在地处偏远的天涯海角边上，但却吸引着全世界无数的游客前来膜拜。这里有一座高踞悬崖之巅的剧院，英国悬崖歌剧院又名“米奈克剧场”（Minack Theatre）。Minack取自英郡康沃尔（Cornwall）的本地语言，意思是“石头的、岩石的”意思，看下图就明白为什么要取这个名字了。这个坐落在海边峭壁和巨大的岩石上，看似古罗马遗迹的扇形剧场，让人疑心是古历史文化遗址，或者古代大力士的劳作成果，与我以前去过的雅典露天剧场几乎相同。但其实不是，这个建筑的每一块石头，每一粒沙都出自一个英国女人罗威娜·凯德（Rowena Cade）之手，而这剧院起初不过是女人家的后院。剧院上印刻着建筑师的名字……沿着台阶走下去就是露天剧场了。面对着宽广的大海，要是能在这个别有风味的露天石头剧场欣赏一场演出的话，一定会值得一生回忆。

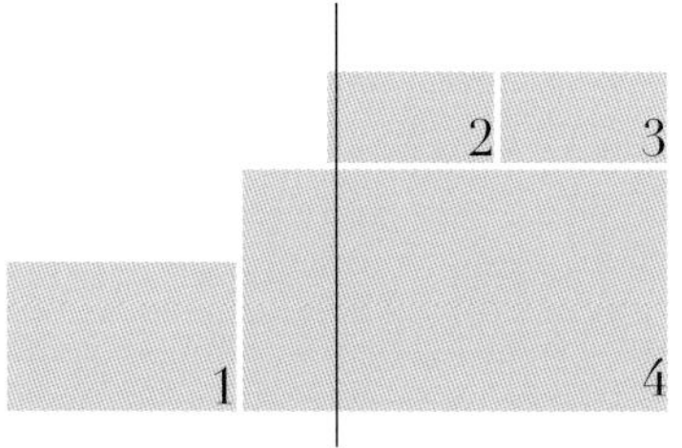

1. 台阶即是座椅，面朝大海
2. 剧场的导视标识
3. 提示性的壁刻
4. 一层层台阶可作为观赏的座椅使用

WELCOME TO THE
MINACK THEATRE
Minack a'gas dynnergh
CUSTOMER PARKING

ROWENA CAD
CREATED
THIS THEATRE

罗文娜·凯德出生于1893年，她和母亲以100英镑的价格买下这块地，建造了自己居住的屋子，就在歌剧院旁边。当时谁也不会想到，她开始了“愚公移山”的一生。

罗文娜·凯德有着平凡却伟大的一生。看到她白发苍苍在海边认真建造的样子，让我想起一句经典：“比起你年轻时的美丽，我更爱你现在饱受摧残的容颜”。自那以后，罗文娜就开始着手，把自己家后院的悬崖峭壁一点点挖掘、搬运，雕刻成剧场的样子。因为英国西南角的天气恶劣，冬夏交替，她只能每年冬天工作。希望夏季（6～9月）有人来表演。其余时间不停地扩建改造，直至形成现在的雏形。现在米奈克剧场已全年对外开放。

罗文娜·凯德怀揣着一场建造剧院的梦想，终身奉献给了这座悬崖边上的露天剧院，直到1983年她去世，享年90岁。

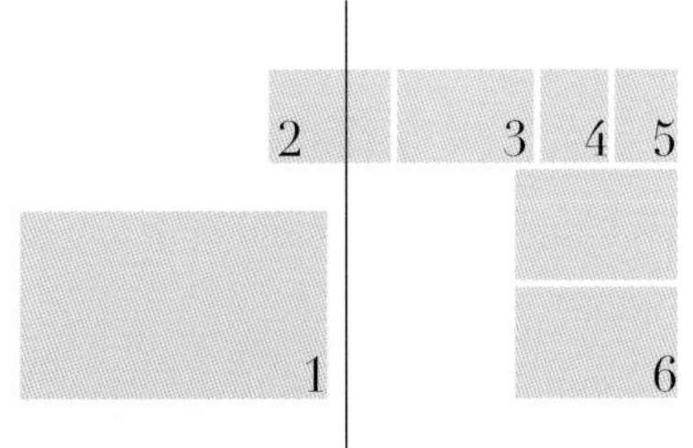

1. 石阶为椅，浪相伴；大西洋做幕，天为穹
2. 植物在这里朝气蓬勃，充满生命力
3. 花儿向阳而生，开得正艳
4. 透过石墙的窗户可以看到无边无际的大海
5. 地面上雕刻着指南针，让人辨识方向
6. 沿着简易的栈道下行，一路栽植着丰富的多肉植物

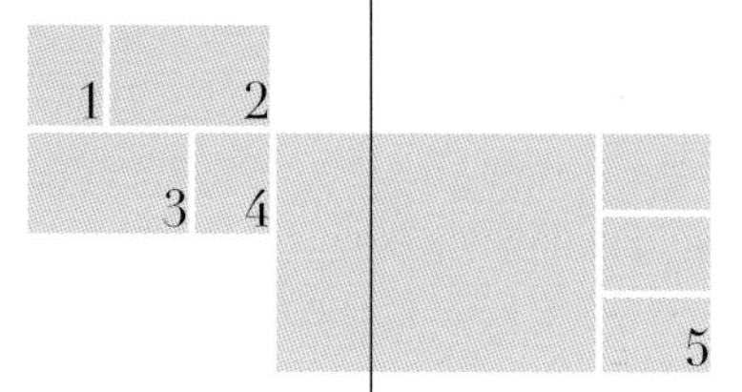

1. 通往大海，通往远方
2. “吉尔·米利根（Jill Milligan）创造的这个开拓性的花园，当之无愧的匹配罗米娜·凯德飞跃的想象力：这里是多肉植物、仙人掌和其他耐旱物种的盛宴，散布着生动的鳞茎和多年草本生植物。”——《花园画报》
3. 景天科莲花掌
4. 痴迷园丁的执着和坚持
5. 在这里，会发现在加那利群岛、南非、墨西哥或安第斯山脉中稀有植物

在这里，360° 无死角的风景打动着我们，大自然的鬼斧神工和老太太及好友们的一生执着，成就了悬崖歌剧院、悬崖岩石花园和美丽的原生态白沙海滩，我们分头迷失在风景里，抑或是走在“悬崖峭壁”处，听着波浪拍打着岩石的韵律诗歌，沿路、沿石、沿海的风景美如画。我想无论是早晨还是夜晚，在这里徒步候月、赏霞，都是一种雅致的享受和快乐。其实我作为一名景观设计师也一直在执着追求着完美设计的人生，对景观的坚持就是我和团队的信念。

旁边是一望无际、一览无遗的大海，另一边则让我有了“赏花悦目”的感觉，看到美艳芳香的花就会让我沉醉、痴迷。纵使青春不再烂漫，但对于我而言永远有诗和远方，花和大海。有一种沉醉是我在半山赏花海，有一种美丽是花儿在风中摇荡。

1. 在俯瞰大西洋的草地露台上的座位可能不如沙发舒适，但每个亲临现场的游客将记住这段经历
2. 利用大自然光影营造的空间，使得这里拥有独一无二的景致

THE minack theatre PORTHCURNO CORNWALL

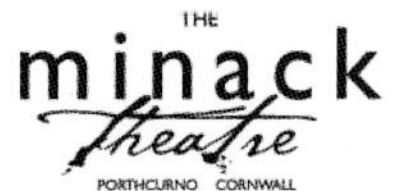

坐在梯台的座位上，休憩一下，任凭海风拍打，您可感受惬意的英伦风，抑或张开双手，拥抱着世界，感受在悬崖边上的浪漫。

走了一天，也有点累了。但是还是想去海边看看，海边的沙子都是白色的，很软，脚踩上去感觉都要陷进去了。伴随着浅浅的浪潮，泛起童年的回忆，好想此时穿上泳装，拿起水枪，如孩子般肆意地玩耍。

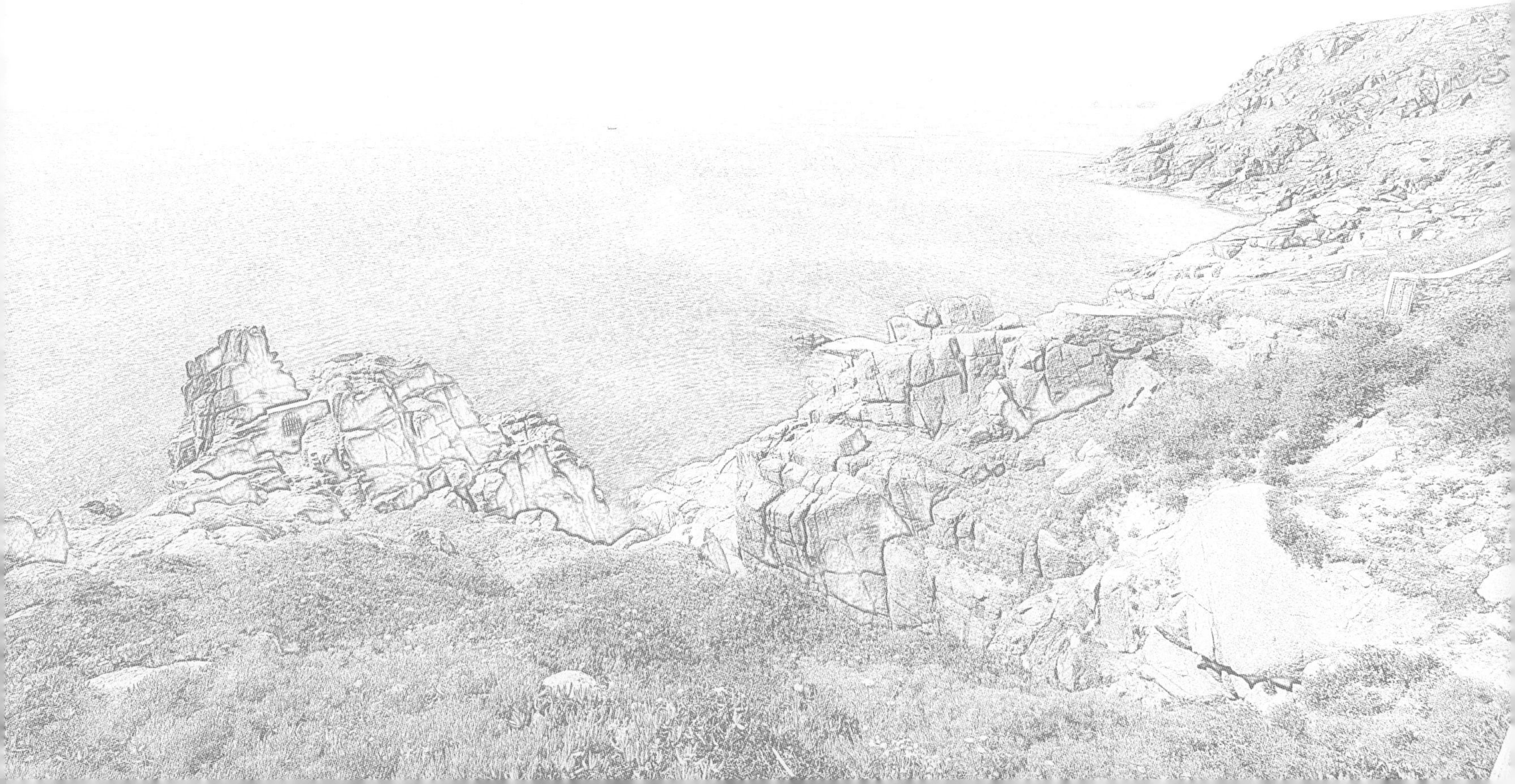

Cotehele Mill Garden
科特赫勒花园

一座位于历史码头上的磨坊

一座可以欣赏山谷美景的壮丽花园

以及一处可供探索的广阔庄园

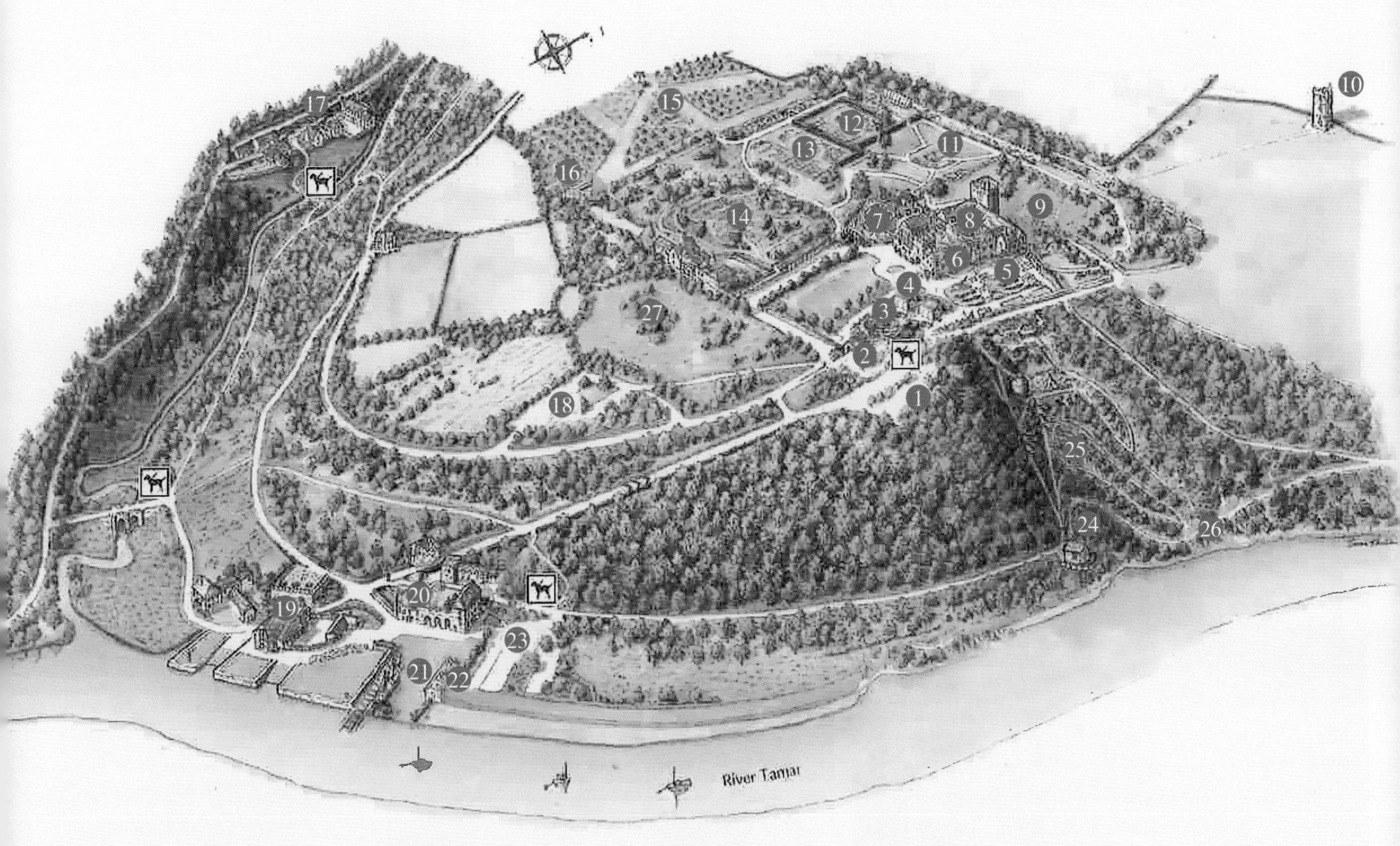

1 主停车场
2 接待中心
3 谷仓餐厅
4 商店
5 梯田花园
6 陈列室
7 书店
8 科特赫勒之家酒店
9 草地
10 瞭望塔
11 花园
12 鲜切花花园
13 朱利安夫人花园
14 老果园
15 母亲果园
16 苹果酒压榨机
17 磨坊
18 长途汽车站和停车场
19 探索中心
20 埃奇库姆贝酒店
21 三叶草花园
22 船坞
23 停车场
24 森林中的小教堂
25 山谷花园
26 河边观测点
27 游戏区域

科特赫勒花园位于康沃尔郡东南部，拥有14英亩（约6公顷）的花园和12英亩（约5公顷）的果园，庄园始建于中世纪，一直是埃奇库姆（Edgcumbe）家族的祖居，坐落在塔玛河高悬的崖上。建筑主要修建于都铎时代。

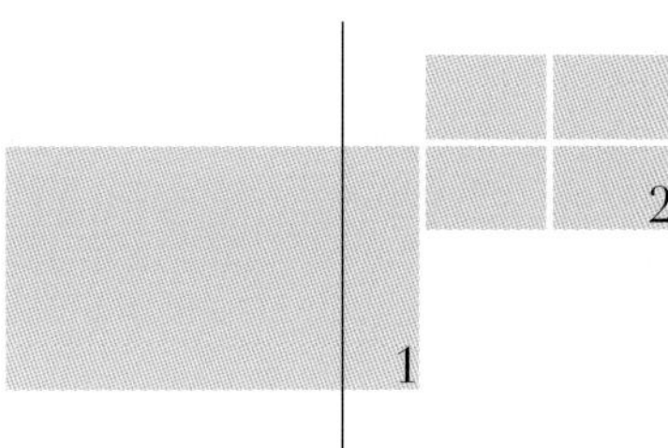

1. 中世纪晚期的花岗岩房屋正前方是一个梯田花园，最早可以追溯至1862 年
2. 围绕着这座古老的石头建筑，是各种或柔和、或壮阔的空间，如今这座建筑已经成为周边知名的酒店

由于落差的存在，上层花园边界种满了草本花卉，下层则形成了精致的梯田花园，绣球花、玫瑰、天竺葵和鸢尾不断绽放。

上层花园有一个池塘，夏季满池塘都是红色和白色的睡莲。睡莲底下是青蛙的乐园，给池塘带来生趣。池塘四面都是由不同配色方案的草本边界构成的。

通过梯田花园的小径，沿着山坡顺势而下就到达了山谷花园，这里有来自中世纪的鱼池和鸽舍。规整和自然在这里得到融合。

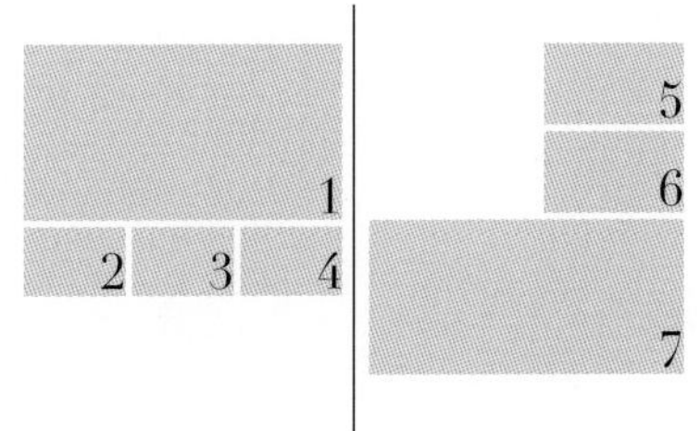

1. 花园梯田有悠久的历史，丰富的植物在各种不同季节里传递出季相变化的美
2. 台阶边控制花境的长势，介于人工与自然之间
3. 中世纪的鸽舍
4. 果园内还有和苹果有关的雕塑
5. 各种爬藤植物让建筑外墙更加丰富
6. 鸽舍前面是自然野趣的山谷花园
7. 远眺高架桥和连绵起伏的田野

1. 上花园的中央池塘
2. 中央池塘种植着各种品种的睡莲，池塘四周的草本边界是 20 世纪 60 年代花园顾问格雷厄姆 · 斯图尔特 · 托马斯设计的
3. 拥有茅草顶的亭子建在自然的边界

花园有一个传统，每年11~12月在大厅展出60英尺（约18米）长的圣诞花环，需要用到2万~4万枝不等的鲜花，这些鲜花都来自花园本身。

鸟儿们歌声如此嘹亮，树丛和树林里弥漫着野蔷薇的香味，各种各样的鲜花比邻绽放。

虽然我们到的季节秋色正浓，但是植物仍然郁郁葱葱，各种色叶植物反而让这里增加了浓郁的色彩。这里同时也是一个酒店，可以提供住宿，绝对是旅行者绝佳的落脚点。

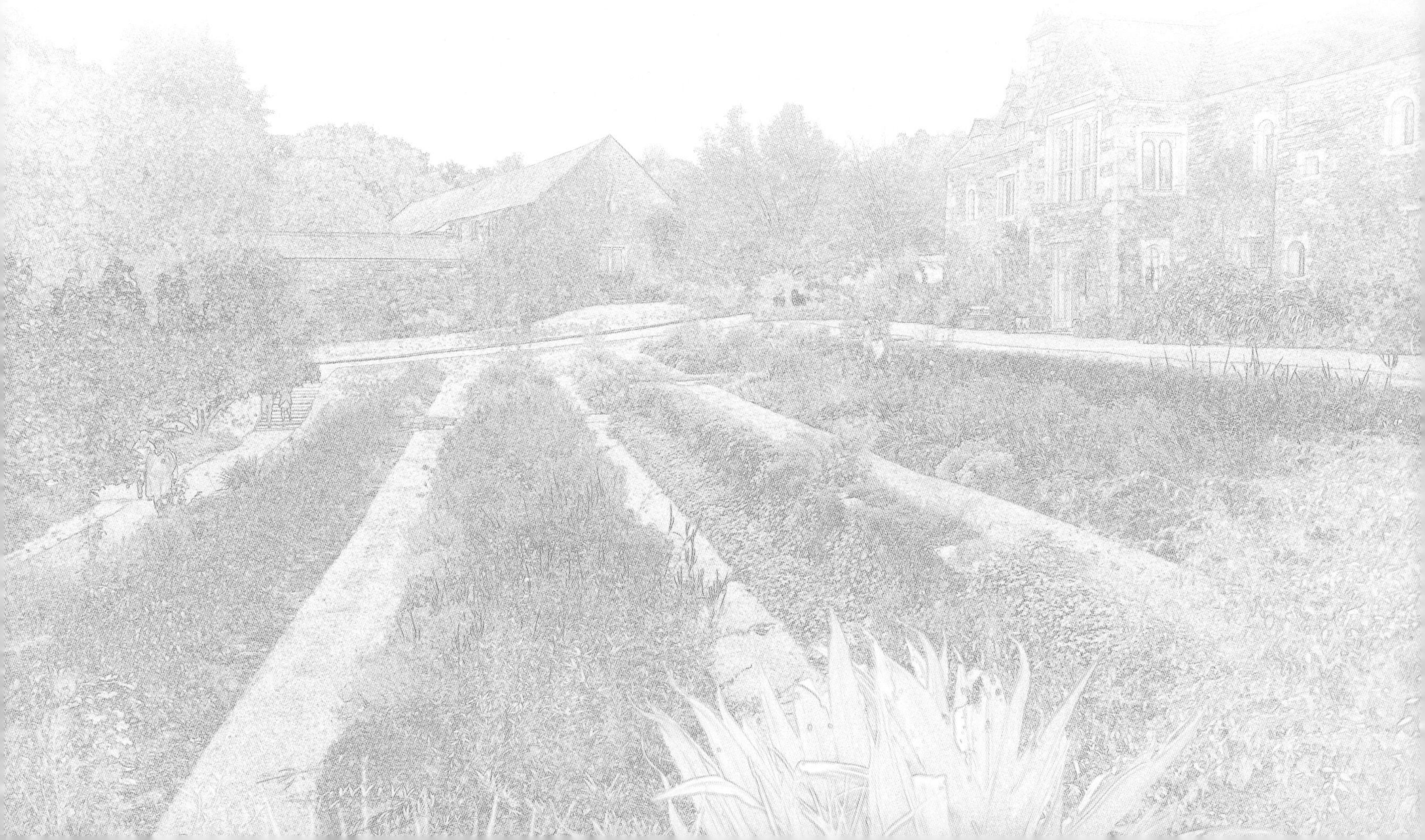

Painswick Rococo Garden

佩恩斯威克古典洛可可风花园

这是一个唯美、浪漫，且有趣的花园

也是目前英国唯一的洛可可风格花园

什么是洛可可？

洛可可一词描述的是18世纪欧洲乃至英国的一段时尚艺术时期，是上流中产阶级享受生活纸醉金迷的象征，其特点是装饰性强、纤弱娇媚、华丽精巧、纷繁琐细。佩恩斯威克古典洛可可风花园是那一时期的唯一幸存者。

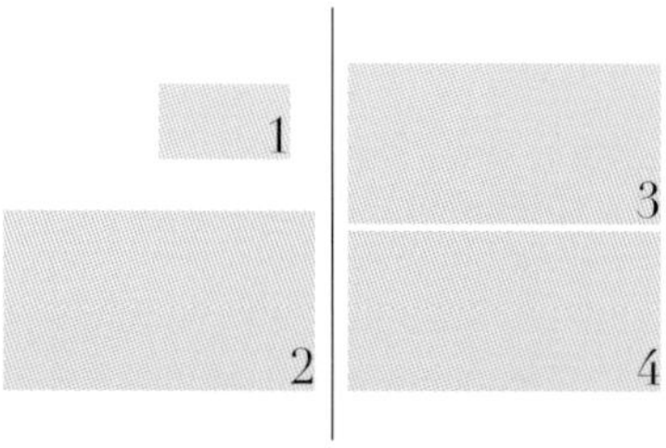

1. 古典人像雕塑
2. 纯白色典型洛可可风架子是花园的主角
3. 粉色的栅栏门，白色的架子，洛可可风的色彩选择
4. 大型的植物迷宫

1748年本杰明·海特（Benjamin Hyett）请当地艺术家托马斯·罗宾斯（Thomas Robins）为花园作画，这幅画就成为设计师设计花园的灵感和设计起源，同时为了能够给主人一个充满幻想的快乐花园，花园雏形诞生了。

之后到18世纪60年代，英国的风景园林开始流行起来。1984年，蒂莫西·莫尔和罗杰·怀特在参观了托马斯·罗宾斯的画展后，为《花园历史》写了一篇关于佩恩斯威克洛可可风花园的文章。这篇文章启发了当时花园的主人——着手进行恢复花园昔日的辉煌。直到今天，花园都是由佩恩斯威克洛可可花园信托基金会修复和照料，并列入英格兰历史公园和特殊历史价值花园名录。

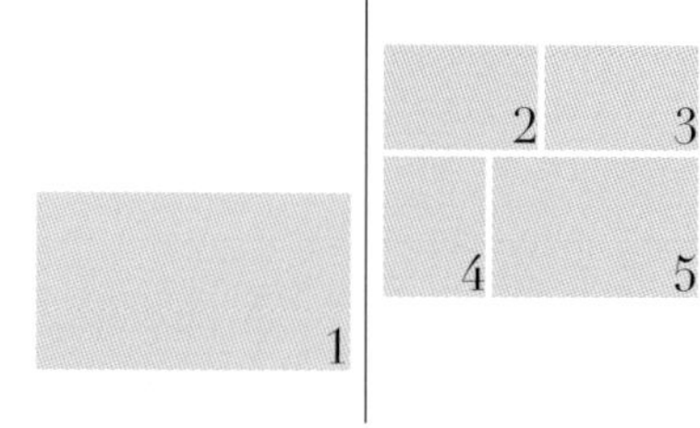

1. 由于地形的高差，整个花园北高南低，花园面向整个科兹沃尔德山谷
2. 花架上爬着娇艳欲滴的玫瑰
3. 白色架子是视觉的焦点
4. 粉红色的鹰楼
5. 随处可见盛开的鲜花

佩恩斯威克古典洛可可风花园位于科兹沃尔德乡村的一个山谷中，该花园占地10英亩（约4公顷），由繁复的花园景色与蜿蜒的小径共同组合而成，还有来自科兹沃尔德迷人的自然风景作为背景。

花园中，有几个洛可可花园风格的标志性景点，包括粉红色的鹰楼、纯白色典型洛可可风格的架子，是这座花园经典的标志，还拥有三个中心的大型植物迷宫，可以给游客带来非常有趣味的游览体验。

这座唯一幸存下的洛可可风格花园充满了奇妙魔力和浪漫气息，是一个可以逃避、探索和想象的地方。

1

1. 花园里摆放了一些藤条编织的雕塑
2. 依山坡而建的葡萄园
3. 红墙衬托下的古典雕塑

Painswick Rococo Garden

在这个花园里，你能看到自然的边界、规整的绿篱和各式各样的各个时期的艺术品，然而最独特的是其洛可可的风格。花园的精美设计再现了当时主人的富裕生活趣味：追求纤巧精致，又崇尚豪华烦琐。

我们是6月抵达的这里，这是优雅又从容的季节，进入花园时天气很好。这是一个特别适合漫步的花园，有趣的探索，迷宫中捉迷藏，斑驳的树荫下阅读……还有各种芳香的植物，薰衣草、阿斯特兰和风铃草等多年生植物竞相盛开，是一个有着独特个性的花园。

Great Dixter
大迪克斯特豪宅

大迪克斯特是一座历史悠久的房子

是园丁和园艺作家克里斯托弗·劳埃德的家庭住宅

是一个花园，一个教育中心

以及来自世界各地的园艺师的朝圣之地

建筑师：埃德温·拉汀斯（Edwin Lutyens）、纳森尼尔·劳埃德（Nathaniel Lloyd）
园林设计师：纳森尼尔·劳埃德（Nathaniel Lloyd）、克里斯托弗·劳埃德（Christopher Lloyd）

Entrance to Estate
Disabled Parking
Ticket Office & Entrance
Dixter farm buildings
WC
Coach Parking
Car Park
WC
N
1 入口
2 苗圃
3 茶室
4 护城河
5 整形草坪
6 异国情调花园
7 果园
8 蓝色花园
9 台地
10 猫花园
11 观赏草大道
12 果实花园
13 围墙花园
14 谷仓花园
15 下沉花园
16 牧场花园
17 孔雀花园
18 上花园
19 菜园
20 洗马池
21 草地

大迪克斯特豪宅的花园很特别的花园，讲述了一栋老房子与花园的传奇故事。大迪克斯特豪宅花园位于英国南部苏塞克斯的诺西厄姆小镇，是15世纪由著名建筑师埃德温·拉汀斯为纳森尼尔·劳埃德建造的家。

建筑的雏形则可以追溯到1464年，从一栋古老的中世纪建筑扩建而来的，拉汀斯和劳埃德也一起参与了建造，劳埃德的儿子克里斯托弗·劳埃德是20世纪初英国园艺界出名的园艺家，出版了多本园艺书籍和杂志，同时他也是当时英国园艺界的大咖。

大迪克斯特豪宅花园最早只是维多利亚式的乡村别墅，最小的孩子克里斯托弗·劳埃德接手后，开始发挥自己对园艺狂热的兴趣与想象力，让这座原本普通的花园，焕发出新的生命和活力。他像魔术师一样，通过紫杉树篱的阻隔把整个花园的内部结构进行不断变化，游园道路错综复杂，经常让游客迷路在框景与花海小径中。是的，就是这么个有趣、有范和有型的花园，劳埃德把他毕生的奇思妙想和对花卉园艺植物独到的色彩搭配毫无保留地展现在这个美丽的花园中，让我带着你们一起行赏其间吧……

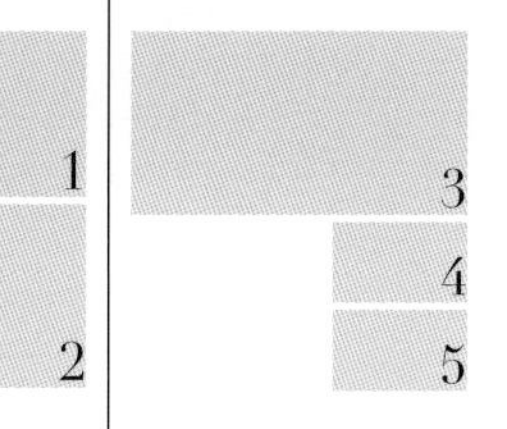

1. 建筑是维多利亚式乡村别墅
2. 柔和的花园边界
3. 穿过建筑就是美丽的花园
4. 建筑围墙外的花园一角
5. 花园里修剪成各种形状的紫杉篱非常有代表性

入口花园

进入花园的第一眼就是周边用紫杉树篱围合起的草坪区，维多利亚风格的乡村建筑就展现在眼前，入口的门廊已经有些倾斜，却还是能够感受到建筑的温暖和沧桑的历史。而园艺高手强修剪的绿色拱门是通向周边花园的入口，草地上花境烂漫、自由而唯美地开放着，与规整绿篱形成强烈的反差与对比。

谷仓花园

谷仓花园是建筑西侧的一个迷人花园，轻盈漫步游走花园一圈，你会发现一个最显著的特点——全视景花园。就是在任何地方，你都可以看到整个花园的全貌，但是又因为角度不同所呈现的感觉完全不同。其中最吸引我的是谷仓墙上的一棵造型无花果树，以建筑的沧桑肌理为背景，很有艺术感地伸展出生命的力量。谷仓花园里种植了很多浆果类、香花类与水生植物，所以吸引了很多鸟类驻足，蝶舞翩翩。瞧，这不仅是人类的谷仓，更是鸟类和昆虫的谷仓，设计师在创建这个花园时可能就是这样想的吧。

蓝色花园

穿过两道古老红砖拱门，就到达了浪漫的蓝色花园，这个花园顺着建筑和围墙的台阶很有特色，和整体维多利亚风格非常统一协调。用花境围合起的花园空间，各种紫色花卉色彩缤纷、竞相次第开放，各种颜色的郁金香也与我们艳遇无限。对了，我发现在大迪克斯特豪宅花园里运用了很多中国竹子，这在英式花园中比较少见，最有趣的是花园中用紫杉修剪成的咖啡壶神造型，逼真极了，修剪工艺达到了鬼斧神工的“鲁班爷”水平。

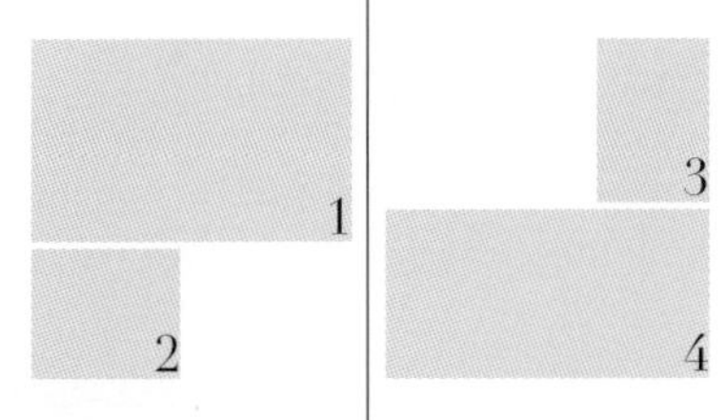

1. 利用谷仓花园建筑外墙构建起的迷人的花园
2. 攀缘着的无花果树
3. 植物围着建筑形成丰富的层次
4. 蓝色花园的精致植物组景

1. 草甸花园的情趣之美
2. 草甸可以极大地减少花园的修剪和养护
3. 野趣中带着秩序，让花园别具魅力

草甸花园

这里就是克里斯托弗·劳埃德夫人最喜爱的草甸花园，草甸花园的出现可以让人们摆脱密集型修剪的草地负担，且出现了更美的情趣，草地变得更加自然和充满野趣。而草甸上的紫杉造型雕塑则是克里斯托弗·劳埃德本人的最爱。我想最浪漫的事就是两个人拥有共同的爱好，迎着晨露、踩着夕阳，然后牵手行走在亲手打造的花园中一起慢慢变老，这是快乐到永远的境界。

孔雀花园

整个花园最精华的部分就是孔雀花园，在这里有18个修剪整齐的鸟类造型和城墙式绿篱，表现最为瞩目，尽管我们觉得它更像小松鼠。走在其中就好像是和这些动物在捉迷藏，真是非常有趣的迷宫体验。

虽然克里斯托弗·洛伊德（Christopher Lloyd）已经过世，但是想象一下80多岁的知名园艺师还在院子里自己动手种菜种花，一个让人敬佩的园匠、花匠和花痴，用心营造梦想与理想之境，让我感叹不已。

1. 18 只修剪整齐的鸟类造型绿篱
2. 造型修剪看上去更像松鼠

果园及岩石台地园

果园及岩石台地园也是我们流连忘返的最爱，在果园内有苹果、梨、李子、山楂、板栗等果树，烂漫的草甸将花园与自然的田野巧妙进行衔接，形成一个非常好的过渡。岩石台阶更打动我，设计和营造中最有趣的是垒石墙和台阶的处理，一切都是那么用心，花草也是那么随意地长在石缝中，真正地体现了“苔痕上阶绿，草色入帘青”的境界。在这里我和我的设计师团队留下了合影，因为我们实在不想离开这个台地园，所以就让我们的倩影留在花园里吧……

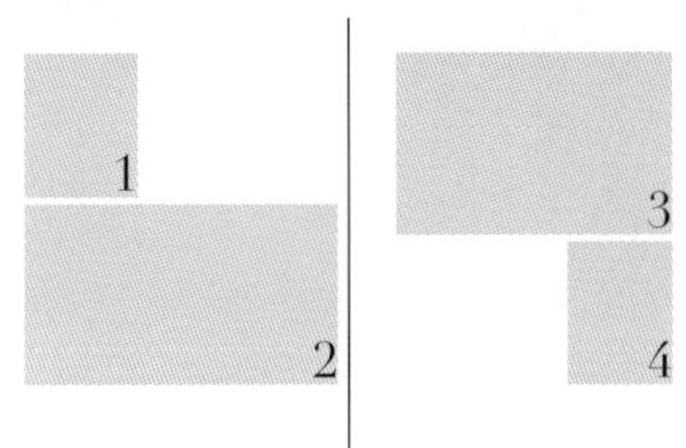

1. 每一个花园都精心打造
2. 垒石墙和台阶的处理
3. 边界花园浓缩花境园艺的精髓
4. 花境色彩在明媚的阳光下特别绚丽

边界花园

最难处理的长长的边界花园恰是英国最高最妙的花境园艺的一个缩影，以整型绿篱作为底色，建筑作为远方背景，各种颜色的郁金香、马鞭草、鸢尾、羽扇豆都齐刷刷地开放，

培育花园

这是一个小型的培育苗圃，为整个花园提供备苗，同时也进行一些园艺品种的研究和培育工作，当然也包括厨房需要的香草与蔬菜品种，而这几乎每一个略大的英国花园都会拥有，感兴趣的可以当场购买带回家。

1. 小型培育花园，展现了花园主人的专业度
2. 盛开着的各色植物

每次参观、考察和思考美如画的英国私人花园的时候，作为风景园林师的我总是受益匪浅，因为我在不同角度看花园和思考花园时就有不同的感受与感悟。在赞叹花园主人的精心布置之余，体会其独具匠心、终其一生的花园精神，所以做花园绝对不能急功近利，在英国一日成就花园是不可能的，一代成就花园也是很少的，往往是一代接一代的传承和发展的花园才是经典的、让人回味无穷。

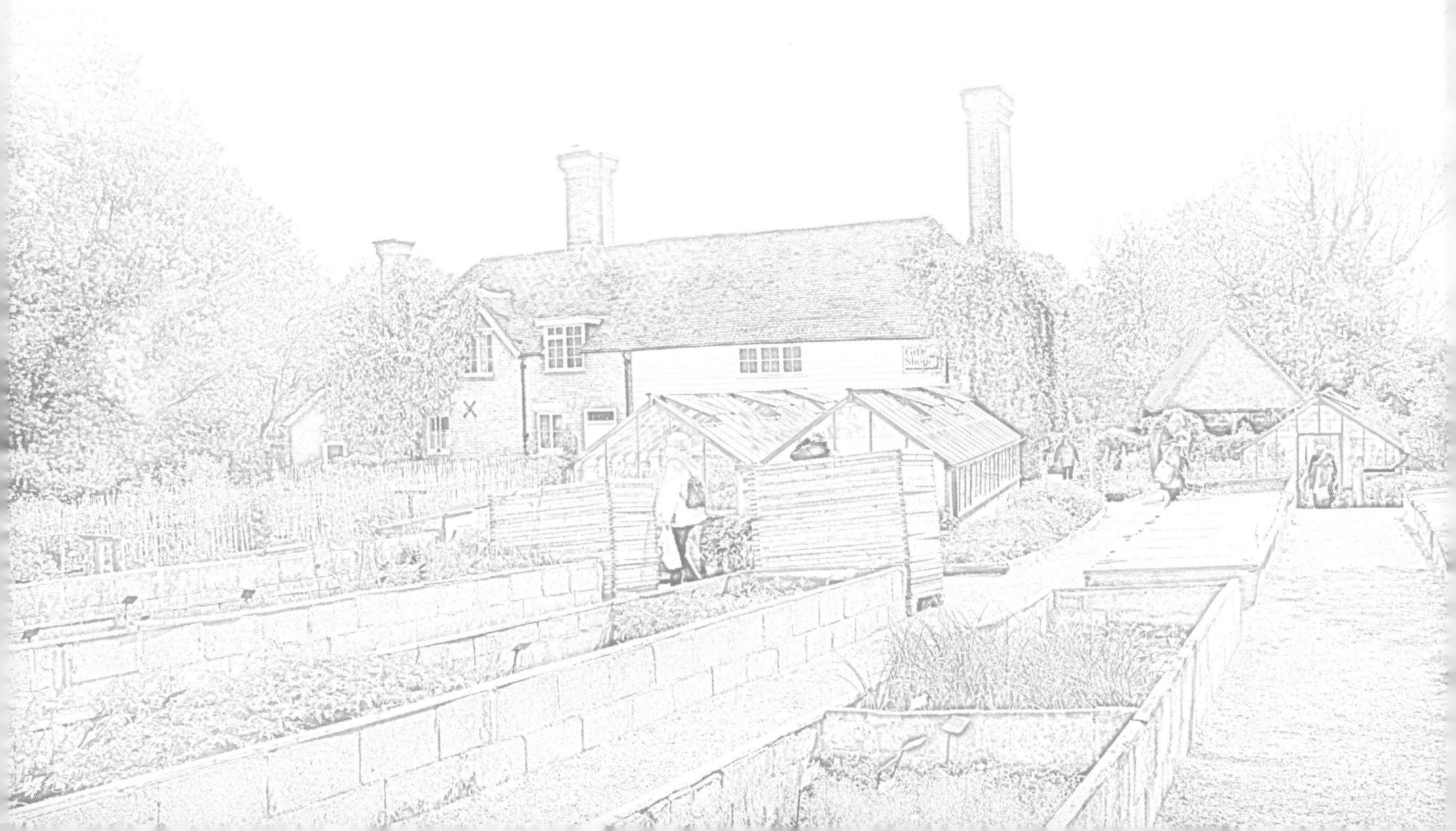

West Dean Gardens
西迪恩花园

在西迪恩花园感受岁月更替、四季变换

感受花木扶疏、鸟语花香

感受花园带给人的心灵治愈

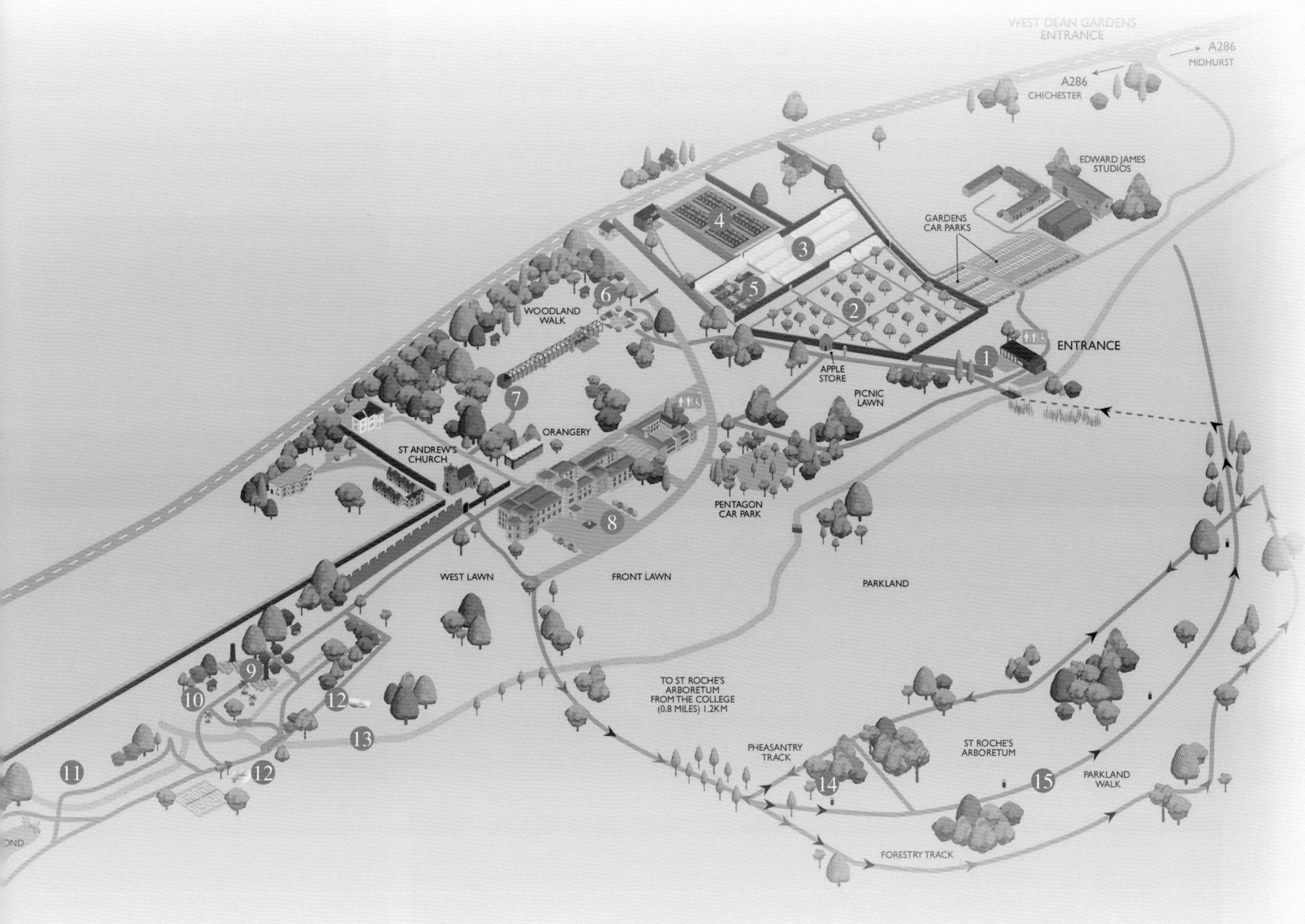

1 花园商店和餐厅
2 果园
3 维多利亚时代的温室
4 厨房花园
5 采伐园
6 下沉式花园
7 凉棚
8 西迪安艺术与保护学院
9 玻璃纤维树
10 春天花园
11 野生花园
12 雕塑
13 拉瓦特河
14 爱德华 · 詹姆斯之墓
15 公园步行道

西迪恩花园的历史可以追溯到1622年，当时的花园主人詹姆斯・勒肯诺(James Lewkenor)建造最初的庄园就开始勾勒花园的雏形。1804年，花园经过扩大后，植物进行再次调整和种植，如现有的许多山毛榉、柠檬、七叶树和雪松都是那个时期种植的。弗雷德里克・鲍尔(Frederick Bower) 于1871年获得了这座庄园，并每年向公众开放。1891年，威廉・詹姆斯买下了庄园，并对花园进行了许多改进，包括扩大温室范围和建造藤架。1987年的一场大风暴摧毁了花园，吹倒了许多外来的树木，然而，最初看起来是灾难性的风暴现在证明是有长远利益的。花园经理吉姆・巴克兰和花园主管萨拉・韦恩致力于在风暴后修复改建这个花园，并把之前过度种植的花园，变成了一个更平衡的花园。

如今植物园已经有更多开放性林地，花园与花园之间有相互连接的道路，非常适合游客探索。

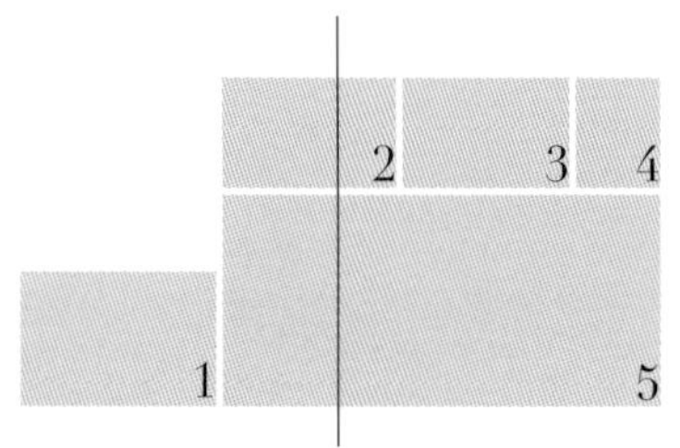

1. 葡萄藤廊架带来生机勃勃的绿意
2. 黄紫色花境塑造优雅又活力的美感
3. 红黄色花境如火星花、萱草和鸡冠花营造热烈的氛围
4. 通往下一个美丽的风景
5. 名不虚传的鲜花庄园

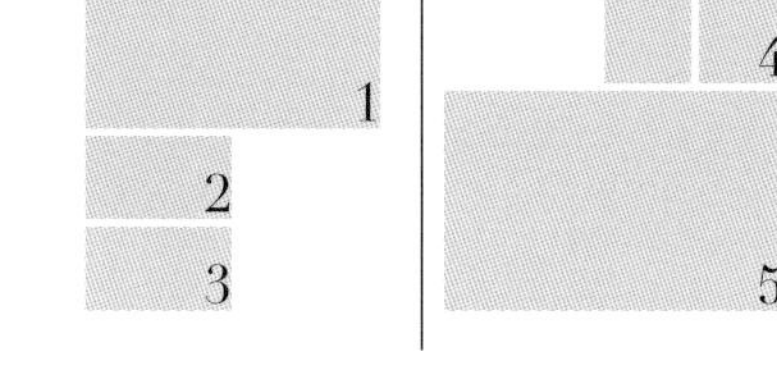

1. 在花园的咖啡厅可以愉快地度过一整个下午
2. 漫步在花园中处处感受到芬芳和绚丽
3. 真正优秀的花境是每一个观赏面都赏心悦目
4. 无论从哪个角度观赏长廊都是花园的杰作
5. 长廊由正面观赏仿佛是一个攀爬植物的艺术品展示，非常具有美感

爱德华时代的长廊

长廊由英国建筑师、景观设计师和园林设计师哈罗德·佩托（Harold Peto）设计，长300多米，在1987年风暴后进行了大规模的修复，它是花园的亮点，可以从各个角度观赏。长廊上面攀爬着许多品种的铁线莲、玫瑰和金银花。

下沉花园

下沉花园位于长廊的东端，以当地的垒石为该区域提供了亲切感和庇护感，与周围草坪的宽敞形成鲜明对比。同时台地形成的空间更有利于植物的种植，下沉花园的植物种植选用夏季带香味的叶子和鲜花，整个区域充满温柔、丰富的质感。

1. 下沉花园在 2014 年 7 月被授予苏塞克斯遗产信托奖——景观与花园类别
2. 使用当地石材作围合，凉亭和下沉空间的关系亲切适宜
3. 经典的下沉式花园花境处理，坐在这里会让人由衷产生幸福感
4. 花境色彩富有变化

1. 花园拥有福斯特和皮尔逊建造的 13 座维多利亚式温室
2. 厨房花园内种植各种蔬菜和水果
3. 温室内合理地种植了各种植物

厨房花园

厨房花园被誉为英国最好的菜园之一，这里按照高标准种植各种水果及蔬菜。

维多利亚式温室

温室建于1890—1900年，它们是维多利亚时期工艺性和独创性的典范。温室内种植着各种外来植物，如来自东方的兰花，可食用的草莓、无花果、油桃、桃子、葫芦、葡萄和甜瓜。

1. 洁白的雕塑具有点睛之美
2. 花园内拥有一个岩石花境园
3. 具有当地特色的燧石桥

春天的花园和池塘

这里的部分景观可以追溯到摄政时期，其中就包括独特的燧石桥。桥下溪流不宽，但是溪水很清。这片开敞自然的空间现在陈列了很多艺术品，比如超现实主义树木雕塑和像植物叶片的白色雕塑。

晚春时节，圣罗氏植物园是一个必看的地方，那里有大量的杜鹃花。这段2.5英里（约4千米）的环行步道包含了一系列精美的乔木和灌木标本，以及苏塞克斯唐斯和西迪恩艺术与保护学院燧石屋的壮丽景色。无论天气如何，如果你想在乡村漫步，欣赏迷人的景色，就来西迪恩花园吧。

1. 花园拥有丰富的植物群落
2. 茂密的植被和远处的森林成为一个整体

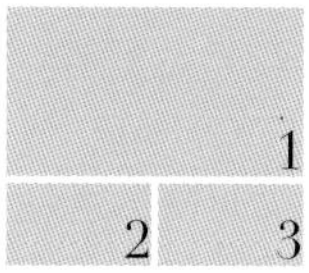

1
2 3

1. 各种色彩的组合清新又雅致
2. 植物爬上窗沿，刻下历史的痕迹，装点美丽的梦境
3. 和负责花园维护工作的管理者合影

英国花园就是这样，在你意想不到的时候给你一个惊喜，西迪恩花园也是如此。它的美展现了主人的个性，包括一些现代派的雕塑、亭子和长廊，以及非常有特色的小桥，这么多大大小小的花园，以主人不同审美和品位为基础，竟然各不相同，是真的让人惊叹。

我与目前的花园管理者进行聊天，并参观了她的办公室，与精彩的花园相比，办公室非常简单实用，让人印象深刻的是桌面摆放着整整齐齐的关于花园的历史和各种植物的分类文件夹。正是这样一代代人的热爱与务实才有花园如今的面貌。

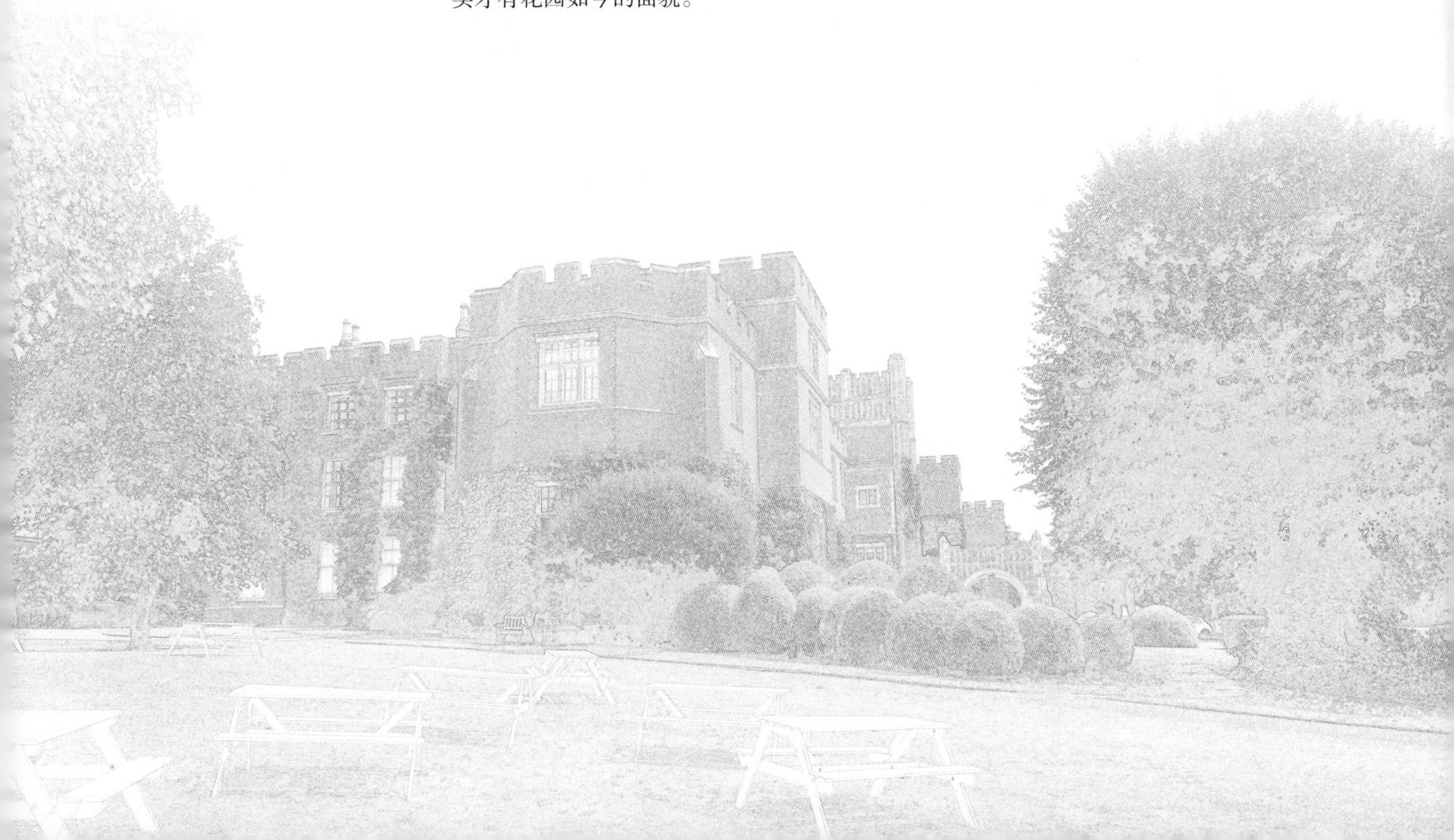

Amberley Castle
安柏丽城堡酒店

仿佛一下穿越到简·奥斯汀的小说中

享受到中世纪神秘的英伦古典之美

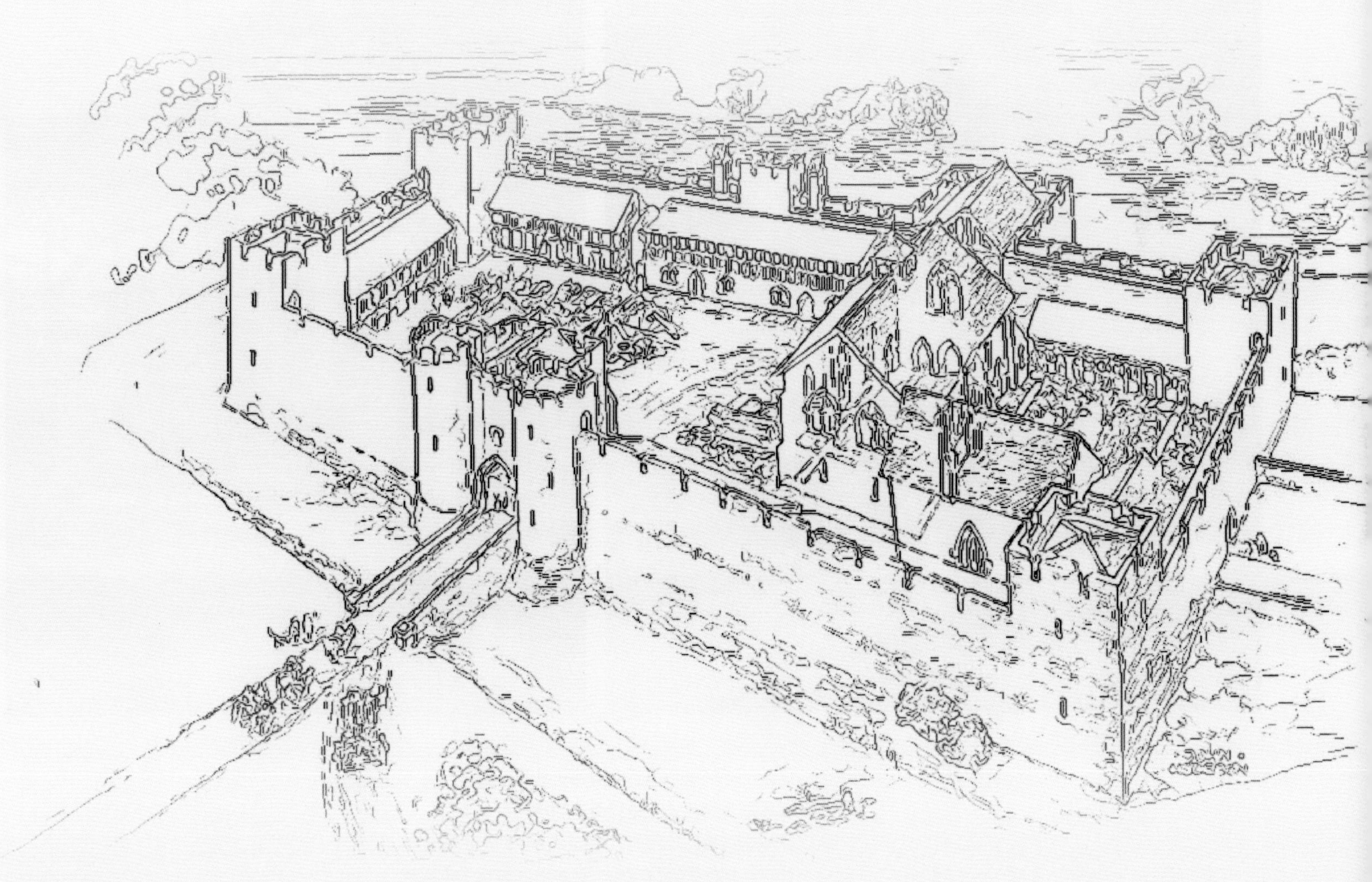

1. 城堡的闸门至今仍然保留每天放下的传统
2. 残垣断壁间让人产生猎奇的趣味
3. 从城墙内看向外围是壮阔的塞萨克斯郡田野山林
4. 植物从地面蜿蜒至墙面，让古老的城堡生机盎然
5. 城墙围合建筑，让人畅享古堡内曾经发生的故事

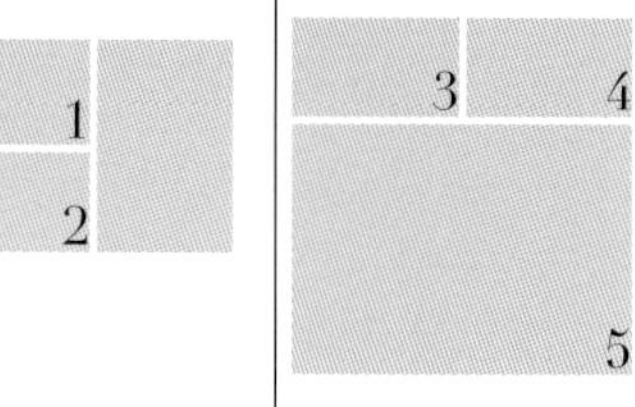

安柏丽城堡酒店位于英格兰苏塞克斯西部，城堡已有900年历史。 城堡所在的土地于683年由威塞克斯国王卡·埃德瓦拉（Cae Dwalla）赠送给威尔弗里德主教，城堡目前的建筑源于卢法主教于1103年建造的木结构狩猎小屋。历经战火和多位主人之手后霍利斯·贝克（Hollis Baker）成为现在的拥有者。1989年，城堡被改建为酒店，直到现在都是一座复古又奢华的酒店。

城堡由古老的城墙围住，并保留了原始的升降闸门。每到夜幕降临的时候，闸门就会关闭，这时城堡给人一种强烈的与世隔绝感。

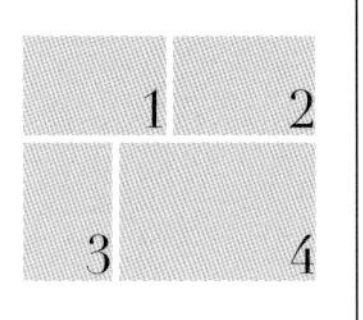

1. 草坪上放着餐桌餐椅，人们可以在漫天的星辰下用晚餐
2. 拥有 900 年历史的城墙
3. 狭长形的水池两边都有小型雕塑
4. 整体有一种废墟之美
5. 水景的池壁上都保留了原始的痕迹

1. 中心的住宅早已改变成了酒店，打着暖暖的灯光
2. 一幢小楼一个家庭，选择这里落脚，别有趣味

整个古堡只有9间房，由于我们去的时候是淡季，很幸运的得以预定，让我印象深刻的是酒店保留原始古堡部分的残垣断壁与精致修剪的草地、整形的绿篱和小巧的水景之间形成了一种奇妙的视觉反差，让人的思想和情绪进行古今穿越。

清晨，薄雾笼罩着古堡，梦幻感油然而生，在这里醒来，在这里沉醉……

Bodysgallen Hall and Spa
博帝葛兰霍尔水疗酒店

北威尔士壮阔的山峦间

隐藏着一个拥有 400 年历史的花园

精致的模纹花坛是否绣刻着一个公主的梦

N
A470
Gothic Tower
Track
Pydew Village Walk 30 mins (left or right out of Eastern Covert)
CIRCULAR WALK ALONG LANE also including the
HILL TOP and OBELISK
Track
Well
Spring
Path
1 乡间小屋
2 羊圈
3 博帝葛兰温泉
4 哥特式塔
5 博帝葛兰会所
6 狗窝
7 森林

博帝葛兰霍尔水疗酒店位于北威尔士，建筑修建于17世纪，被列为一级保护建筑，坐落在占地200英亩（约81公顷）的私人庄园中，享有雪窦山壮丽的景色。

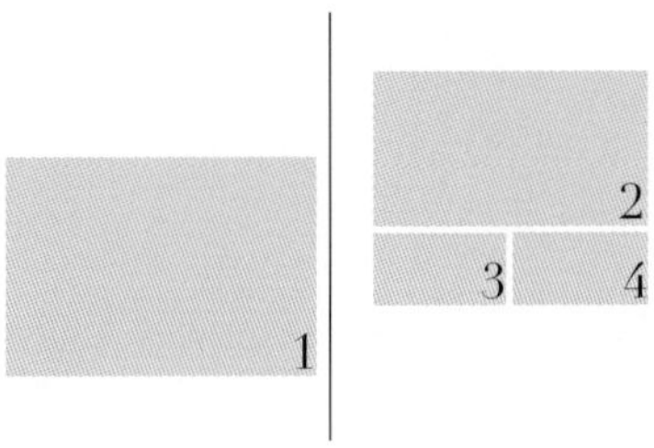

1. 主体建筑体量不大，作为已有 400 年历史的建筑经过妥善维护
2. 沐浴夕阳的建筑、花园和自然
3. 前花园对面的是高山草甸和成群的绵羊
4. 后花园是典型的模纹花坛

博帝葛兰的花园非常有名，整个花园包括围墙花园、荷花点缀的池塘、17世纪法国风格的树篱花坛，里面种满草本植物。尤其是法国模纹花园，在一个方正围墙的围合下显得那么精致，映衬着建筑的古老和质朴，形成鲜明的个性。

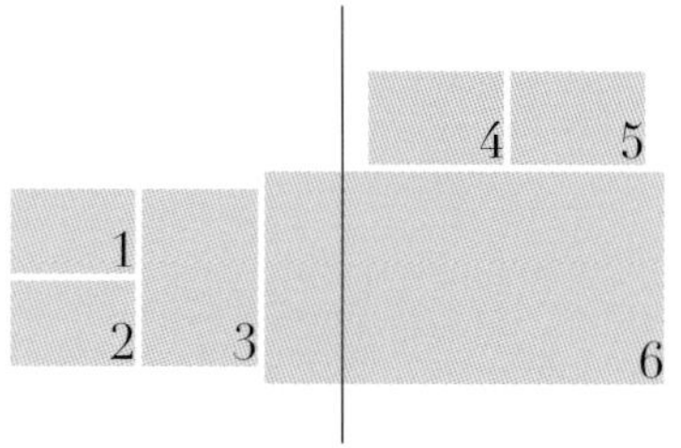

1. 屋后种植了一大片苹果树
2. 古老的矩形水池
3. 石凳也写下岁月的沧桑
4. 模纹花坛在一个下沉庭院内
5. 开阔的自然
6. 模纹花坛花纹精致优美

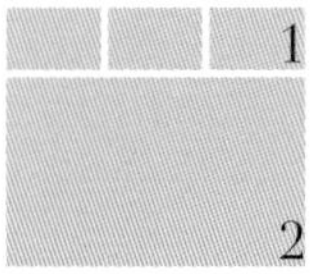

1. 室内温馨又有复古优雅的韵味
2. 北威尔士的秋色渐浓

BODYSGALLEN HALL

英国有非常多这样小而美的酒店，有的藏在深山里，有的矗立在海边，有的拥有广袤的土地，他们的花园比不得城堡和庄园的波澜壮阔，却精美典雅得好似英国贵族，有一种特有的独立，卓尔不凡。

Hever Castle Luxury
赫弗堡豪华酒店

所有的住店客人

都可以踏着清晨的阳光

去拾取玫瑰花上的露水

收藏最美的花园瞬间

位置：Hever Castle, Hever TN8 7NG

1 冒险乐园
2 塔式迷宫
3 教堂
4 草地
5 商店和餐厅
6 城堡前院
7 海弗城堡
8 紫杉迷宫
9 都铎花园
10 冬日花园
11 半月草坪
12 户外活动花园
13 意大利花园
14 泳池
15 水迷宫
16 高尔夫球场
17 千年喷泉
18 日本茶馆
19 海弗湖
20 凉廊
21 船坞
22 玫瑰花园
23 蓝色庭院
24 庭院商店
25 节日剧场
26 活动草坪

1 2 3 4

1. 酒店小型落客区是一个围合的花园
2. 酒店建筑为原城堡附属建筑，古老精巧
3. 周边的池塘里有非常多野生植物
4. 城堡建于 13 世纪

赫弗堡豪华酒店是一座建立于13世纪都铎王朝的城堡，曾经是安妮王妃的府邸。城堡至今也是非常受欢迎的景点，可以看到不少王妃的私人物品和都铎王朝时期精美的绘画和古董餐具。

除了能够体验王妃的历史故事和轶事外，城堡周围的花园与具有百年历史的迷宫风景也十分迷人，于是这里成为举办婚礼的首选。我们认真仔细观察花园，植物雕塑园、草境园、花境园、台地园、意大利园、玫瑰花园、迷宫园、童话园等，每一个花园都拥有自己的特色，给人留下深刻的印象。

入口和大道

低调而奢华的酒店入口通过监控实现远程操控，而大树华盖的沿湖车行绿廊也让人有进入桃花源的感觉。

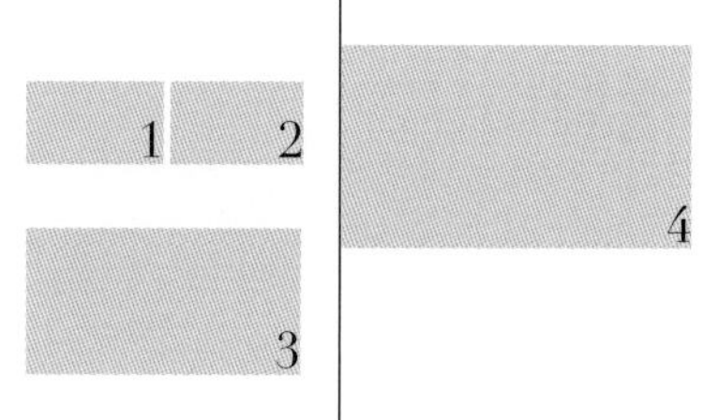

1. 城堡与护城河以及外围花园的尺度恰当
2. 草坪的正中有一口古老的井
3. 台阶栏杆斑驳又充满秩序美
4. 建筑周边是用紫杉篱分隔成的一个个小花园

意大利花园

占地4英亩（约1.6公顷），长长的草坪和高大的紫杉树篱形成了这个花园的中心区域。北侧是庞贝城墙，墙垣边种植着灌木和攀缘植物。沿着南侧经过藤架，由于环境较为荫蔽潮湿，所以种植着蕨类植物和喜爱水分的植物。下沉花园隐藏在高高的树篱后面，是宁静祥和的绿洲。令人印象深刻的凉亭位于花园湖畔，两侧是柱状柱廊，下面是栏杆台阶和广场，其古典雕塑的灵感来自罗马的特雷维喷泉。

1 2
3 4 5

1. 玫瑰花园——废墟下的华丽
2. 四周以红色砖墙进行围合
3. 这里拥有 4000 多枝玫瑰
4. 墙面上的爬藤玫瑰
5. 花丛中的座椅

玫瑰花园

浪漫的英式玫瑰园在整个春天和夏天都是赏花的重点区域，将近4000多枝玫瑰作为花园的主角在红砖的围合下，散发着迷人的光芒。从淡粉色、深红色到浓郁的紫色，从波旁玫瑰、杂交茶香玫瑰到花束玫瑰，走近这里，空气中都弥漫着玫瑰的芬芳。

蓝色花园

无论什么季节，玫瑰园后面这个迷人的假山花园主色调都是蓝色的。植物集中在巨大的岩石和台阶上，包括蓝色绣球花、蓝调之王风信子、葡萄风信子、藿香和蓝紫色的勿忘我。无时无刻都带有令人陶醉的香味。

酒店客房位于城堡的副楼内，与游客游览的区域分开，保证了入住客人的宁静与私密。

1. 假山花园修剪成型的紫杉篱夺人眼球
2. 花园里种植着各种各样的蓝紫色植物

都铎花园

这是用整齐树篱围合成的一系列小花园，花卉是以都铎草本花园的风格种植的，配有各种草药。在相邻的国际象棋花园中，它的棋子是用紫杉切割而成的，它是一个可以追溯到安妮王妃统治时期的棋盘。这些花园都与护城河相邻，护城河内有五彩缤纷的睡莲。

1. 罗马风格的柱廊和雕塑
2. 观赏草随着地形错落有致
3. 我和花园管理者
4. 户外的帐篷露营基地

这座有着亨利八世与安妮王妃故事的赫弗城堡酒店是非常值得推荐的旅行目的地，它也一直是英国最受欢迎的城堡酒店。

虽然来过英国那么多次，我对英国花园的认识还是远远不够，这座城堡酒店中的童话园与露营帐篷基地都让我发现了设计的价值取向，而精致的意大利花园与玫瑰园可以迷“死”我们几次，草地音乐厅巧妙掩映在花境园中，这里举行的一场马拉松比赛都能成为市民共同向往的节日。

这就是赫弗城堡酒店，一座有着辉煌历史，却仍然散发着迷人活力的酒店。

Plas Newydd House and Garden

普拉斯·纽维德之家和花园酒店

迷人的豪宅和花园

享有斯诺登尼亚（Snowdonia）的壮丽景色

普拉斯·纽维德之家始于威廉·佩吉特，他被亨利八世聘为国务卿，并建造了这座房子，一直到第四代侯爵都居住在这里，第五代侯爵卖掉了房子。现在，它已经从19世纪80年代第五侯爵的维多利亚式“派对之家”转变为舒适的酒店区域。

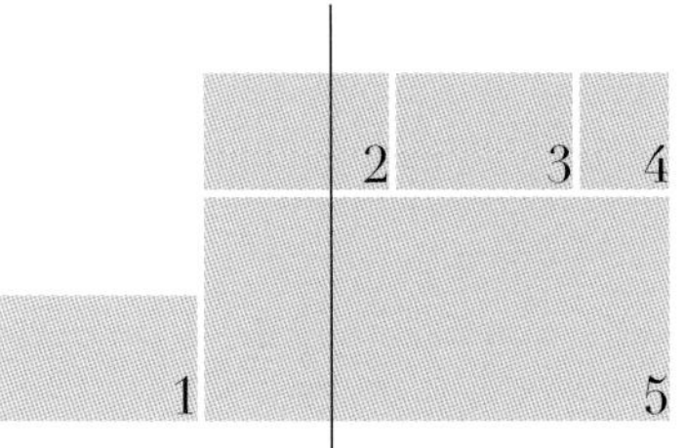

1. 酒店内对称式水景
2. 酒店周边可供徒步的林间小路
3. 建筑拥有 500 多年历史
4. 周围被森林包裹
5. 酒店坐落在山坡上

普拉斯・纽维德之家包括40英亩（约16公顷）的花园和129英亩（约52公顷）的林地和公园，非常辽阔，许许多多原生的变色树种，将酒店包裹起来，使它的秋天充满了魅力，比如山毛榉、桉树、火焰树等，还有五颜六色的美丽花卉，比如玉兰花、绣球花、山茶花和杜鹃花，以及色彩浓重的日本枫树。夏季的野花草甸非常壮丽，也吸引了昆虫和鸟类。

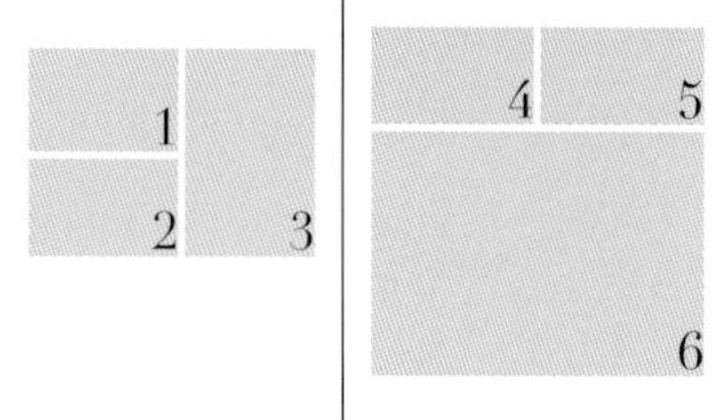

1. 酒店地势较高，周围自然景色一览无遗
2. 林地和公园是徒步的好去处
3. 从早春到深秋，这里都富有变化
4. 边界是红色的、橙色的、黄色的和深深浅浅的绿色
5. 秋绣球花
6. 坐拥梅奈海峡（Menai strait）的山色湖光

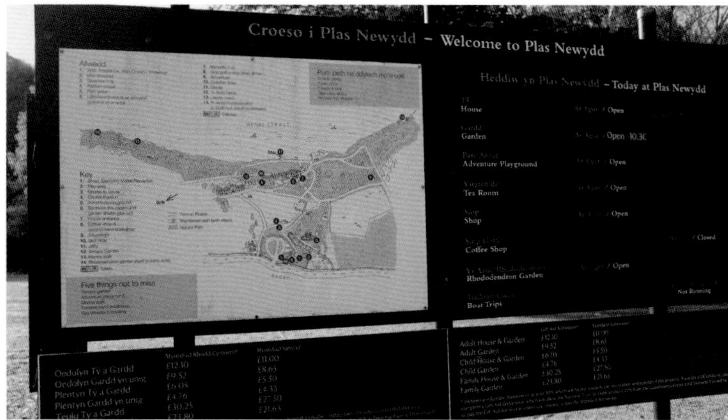

1. 酒店周边的游览地图
2. 可爱的树屋
3. 梅奈海峡，远处就是著名的梅奈海峡大桥

这个城堡式酒店非常壮阔，尤其是它的自然景观，面朝斯诺登尼亚山脉，由于城堡建在高高的山坡上，视野极佳，同时无与伦比美丽的大斜坡，直接连到梅奈海峡的堤岸边，海面上漂浮着一艘艘白色的帆船，尽情展现英国人的悠闲时光。

The Bath Priory Hotel and Spa
巴斯小修道院水疗酒店

繁华城市中心的宁静避风港

每一个季节都诠释着大自然的色彩美学

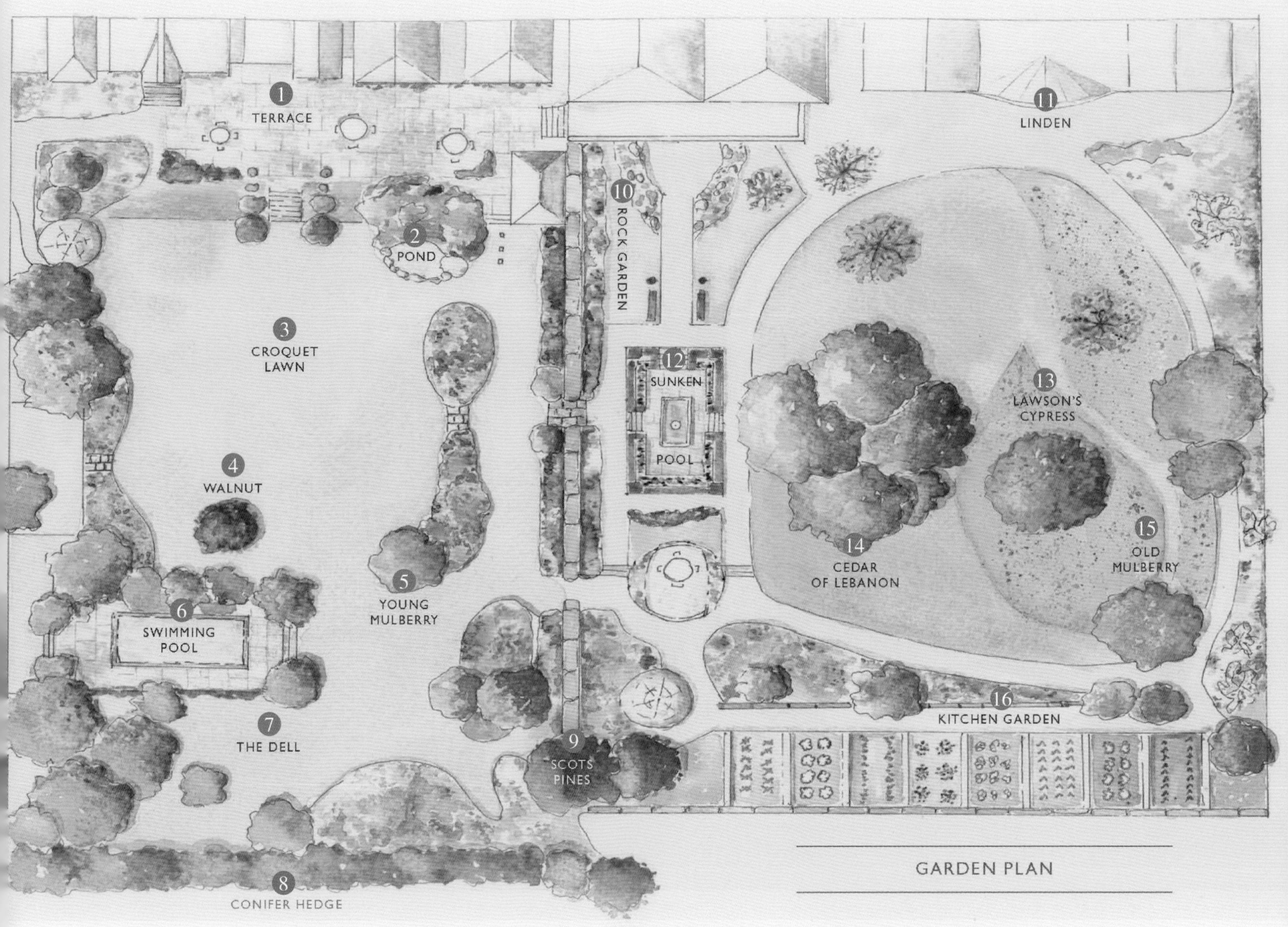

1 室外露台
2 池塘
3 槌球草坪
4 胡桃木
5 桑树
6 游泳池
7 小山谷
8 针叶林树篱
9 苏格兰松树
10 玫瑰花园
11 椴树
12 下沉花园水池
13 劳森的柏树
14 黎巴嫩雪松
15 老桑树
16 家庭菜园

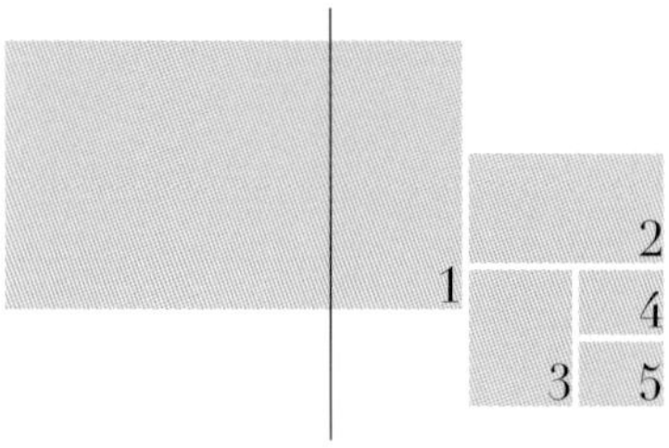

1. 酒店被列入了世界最小豪华酒店
2. 酒店入口简单又私密
3. 鸽子飞过屋檐
4. 百年紫藤挂满整栋建筑
5. 站在酒店客房的窗边，可欣赏花园美景

巴斯小修道院水疗酒店坐落于爬满常春藤的建于1830年的建筑内，背靠着一片4英亩（约1.6公顷）的精美花园，内有壮丽的雪松、翠绿的池塘、精心修剪的园艺植物。花园是巴斯修道院不可或缺的特色，包括厨房花园、草地和草坪。

整个酒店利用露台和花园建立了亲密的关系，推开窗就能尽享自然的舒适感。

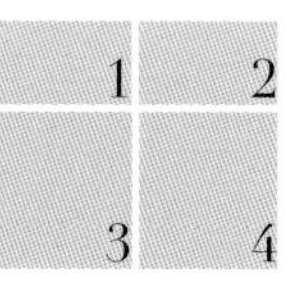

1. 清晨的阳光铺满花园
2. 紫藤爬满整个墙面
3. 花间落座
4. 花园精致又生机勃勃的一角

古老的修道院建筑上爬满了常春藤，现代风格的雕塑将新和旧进行融合，穿过建筑，南侧则种满了紫藤，壮观的紫藤爬上建筑和露台的栏杆，记录下历史的风霜。

正对主体建筑的是一个小型对称的下沉式花园，独特而高大的雪松树矗立在花园正中，围绕着它是静谧的小道和花境。

1. 下沉花园质朴又充满活力
2. 用紫藤装点的一帘幽梦

酒店现在隶属罗莱夏朵集团，这个集团专门投资小型精品酒店，旗下的酒店大多有灿烂的文化和精致的细节。

1

2

3

1. 紫藤花开的季节，在这里可以还一个紫色的梦
2. 酒店的温情 Spa 也远近闻名
3. 酒店内装展示各种藏品，摆设典雅

The Bath Priory

我在紫藤花开的季节去过一次后就始终念念不忘，于是在初夏时辗转停留在巴斯后，又一次选择了这家酒店，初夏的阳光穿过高大的雪松洒在花园里，花园的角角落落都笼罩着一种如微风吹起裙摆的浪漫和清新。这种精致、优雅又品位卓著的美，停留在巴斯古老城市的轻歌曼舞中，时光流逝，记忆常驻。

此外酒店还有一家米其林二星餐厅，非常值得在这里面对花园美景，品尝饕餮盛宴。

Tre-Ysgawen Hall, Country House Hotel and Spa

奇也斯加温乡间水疗酒店

旅途中让人惊喜的落脚点

奇也斯加温乡间水疗酒店位于北威尔士美丽的安格尔西岛，酒店建于1882年，已经拥有140年历史了，是一座乡村豪宅，由普理查德-雷纳（Pritchard-Rayner）家族拥有。

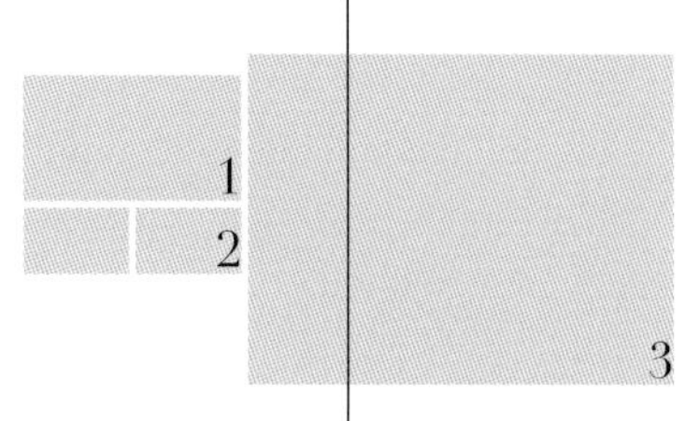

1. 植物色彩非常丰富
2. 酒店室内是经典欧式风格
3. 各种植物群落遮挡住建筑的墙角，感受不到建筑与自然之间的边界

花园有两个特点，一个特点是花园的雕塑，掩映在绿意盎然的植物中，非常引人注目。其中一个雕塑作品叫“女士”，是19世纪由Jue-Hua Liu Böckli创作的，另一个竖琴的雕塑是Housi Knecht的作品。这些雕塑都展现了精神和自然的高度和谐，也表达着酒店主人的艺术修养。

另一个特点是墙垣植物的组合，尤其是靠近建筑的，各种绿色系深浅的变化，让整个建筑都充满生命力。

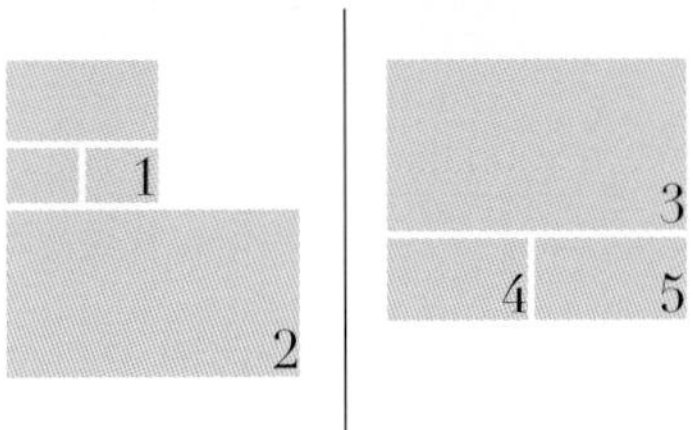

1. 整个酒店环境非常“森系”，边界柔和明确
2. 酒店入口绿意盎然
3. 各种雕塑矗立在草地上
4. 暖色的石砾路
5. 外围浓荫密布的森林

1. 整个酒店绿意盎然
2. 各种雕塑成为独特的风景
3. 植物边界处理的精致得当

秋季的威尔士山谷温度已经非常低了，这个藏在威尔士山谷中的小型酒店拥有一片纯粹的绿色，富有层次的植物组合和一个个有趣的雕塑，这种分明的色彩让深秋略有阴霾的氛围活跃了起来。酒店在迷你精致中又拥有自己的风格，成为旅途中一个让人惊喜的落脚点。

小镇花园

林语堂曾说：“世界大同的理想生活，就是住在英国乡村。”英国的灵魂在乡村，英国有很多精致宁静的田园风乡村小镇，如拜伯里、科姆堡等，展现出英国迷人、安逸、富足的模样，并将自然田园和精致花园完美融合。

Bibury

拜伯里小镇

“英国最美的乡村”

——威廉·莫里斯（William Morris）

1 公交车站
2 画廊
3 公交车站
4 丘奇路
5 科茨沃尔德之家
6 蒂洛小屋
7 浸信会
8 卡萨林车餐厅
9 卡塔克谷仓
10 水产养殖场
11 国家自然信托基金会办公点
12 天鹅酒店
13 拜伯里停车场
14 科茨沃尔德陶器有限公司
15 拜伯里小学
16 圣公会
17 家具城

法国的普罗旺斯大区、意大利的托斯卡拉大区和英国的科茨沃尔德地区，被誉为世界最美的三大著名小镇群，而英国的科茨沃尔德地区中风景最美的就是拜伯里小镇。沿着格洛斯特郡政府和乡村规划委员会介绍的绿树成荫的乡村之路，带着对拜伯里小镇的无限热爱与向往，我再次走进拜伯里，感受着像诗画般的古镇的静谧与美好。我对拜伯里情有独钟，因为这里带给我的不只是心灵震撼……

在去拜伯里前先拜访了格洛斯特郡，了解其所属地区的乡村规划与建设。指格洛斯特乡村社区委员会（Gloucester Rural Council, GRCC）的马丁先生与安琳女士介绍，自1926年成立以来，社区委员会解决自下而上的当地社区发展问题；保障地方主义和社区权利，包括邻里计划实施；主导教区、镇、社区计划；管理社区项目建筑及风景、名胜保护与乡村保护，公园、娱乐设施、雨洪管理等。

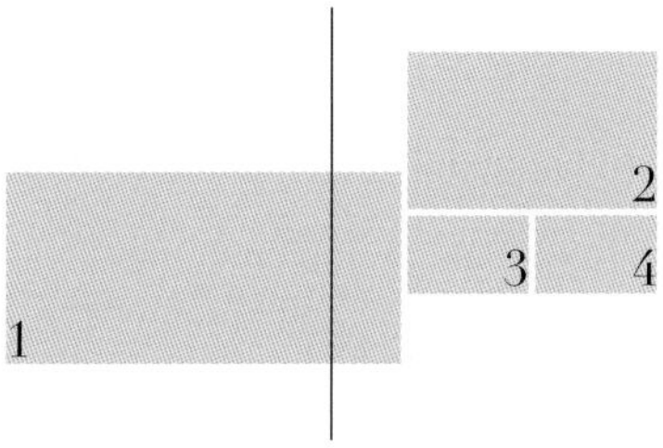

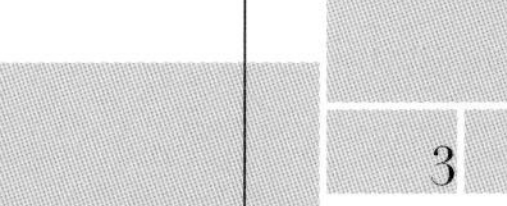

1. 拜伯里小镇家家户户都拥有这样的一方小院
2. 小镇拥有一些历史保护建筑
3. 沿河一个个小小的码头
4. 建筑错落有致，街道干净整洁

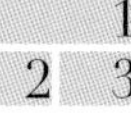

1. 花园内一年四季鲜花盛开
2. 河边的植物拥有丰富的色彩
3. 古朴的石桥
4. 河边用木桩做防护，整洁自然

早晨的拜伯里小镇异常安静，我们沿着蜿蜒的乡村小路走着，沿途的乡村风景无时不在吸引着我驻足拍照，一路停停拍拍，街头安静的房屋墙上爬满了绿藤，似乎在晨光中刚刚苏醒，浓郁的英伦风配上绿意盎然的植物颜色，嫩得可爱。

村子不大，只有一条河，一条街。

这条街只有一侧有房子，房子都是统一的样式，错落有致，形成一道优美的风景线。这里小桥流水人家，有太多经典的英国乡村美景，让它无法默默无闻。

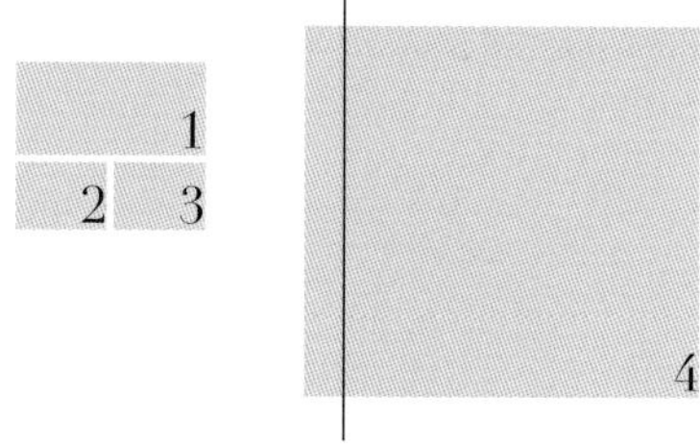

1. 我们在英国标志的红色电话亭下合影
2. 天鹅妈妈带着宝宝在休憩
3. 所有的构筑物从色彩到形式都是统一的
4. 花团锦簇的农舍前院

黑天鹅看了我一眼，丝毫不怕人，然后转过头静静地孵着蛋，孕育着新生命，可见英国的自然环境与生活环境有多么的和谐。

这里依花傍水，花艺、画艺、黑天鹅与水交融，其浑然天成的美景成为许多情侣拍摄结婚照的首选地，也是摄影爱好者的天堂。

石屋古朴典雅，尖坡顶屋脊的青石瓦片布满了褐色苔迹又被新的青苔覆盖，“苔痕上阶绿，草色入帘青”，斑驳中沉淀着一种沧桑的美感。这就是个小小的世外桃源仙境。有着低矮精致的古老房子，这些房子都有七八百年的历史了，旁边是没有一点修饰的土路，还有点泥巴的墙像是一个古村博物馆。

河水清澈见底，小镇池塘的鱼儿徜徉在水中自由嬉戏、觅食。当然不幸的话，有的鱼儿可能成为别人的盘中餐，不过我们还是特别希望中国也能有更多像这样自然生态与生活相结合的环境，把生态留在小镇中，把自然留在乡村里。拜伯里是典型的英国古老乡村类型，实际上科茨沃尔德地区都是低矮的丘陵造就广阔的缓坡地，春夏秋冬四季都是彩色与梦幻的田野。

在这田野起伏间，隐藏着许多古色古香的乡村小镇，乡村里斑驳的石材建筑刻画着看似古老的记忆，而流过街道和建筑的溪水清新脱俗，俨然一幅世外桃源风景油画。而拜伯里小镇是科茨沃尔德地区这幅似水彩、似油画中的典型。

途中时而还能路过小溪及运河上那一座座漂亮的小石桥，这里空气清新，水质纯净。我能感受到最简单纯朴的英国乡村生活。

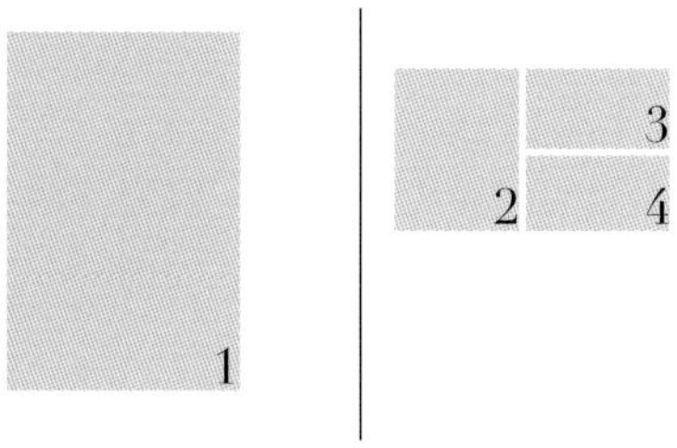

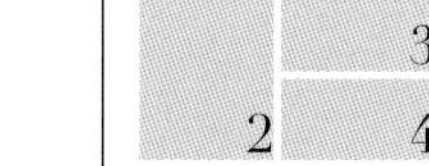

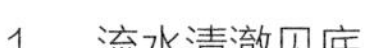

1. 流水清澈见底
2. 蔷薇爬上建筑外墙，描述出诗意的栖居
3. 历经数百年风雨的天鹅酒店
4. 石墨盘和垂挂的鲜花都代表着小镇人热爱的生活

一扇门、一盏灯、一堵墙、一个磨盘、一盆花、一块绿篱，就像油画里走出的唯美恬静。

小镇街道旁边是排开的石头堆砌的农舍，每一栋房屋都拥有上百年历史，数百年风雨巨变，房屋显得更加古朴而优雅。英国人优雅精致的生活也是从这里慢慢展现，当然英国乡村永远离不开私家花园，每家每户各式各样的园艺植物庭院配置，就像切尔西花展一样，供人四季天天免费欣赏。

生活在小镇的人们，并不去追逐这个瞬息万变的世界，他们要的就是这样的闲适生活，在这份充满安详的乡村里，享受自然，享受田野，享受他们想要的生活。

拜伯里小镇上最值得游览的要数阿灵顿路一排非常经典的英国乡村建筑阿灵顿排屋（Arlington Row）：它们都是建于1380年的，最初作为寺院羊毛店，17世纪转成织布小屋。阿灵顿路可能是英国电影里拍摄最多的科茨沃尔德的场景之一，并被皇家艺术学院保存。它已被多部电影和电视剧选中作为拍摄地，其中最出名的就是《星尘》和《布里吉特·琼斯的日记》，所以来拜伯里绝对不会让你失望。

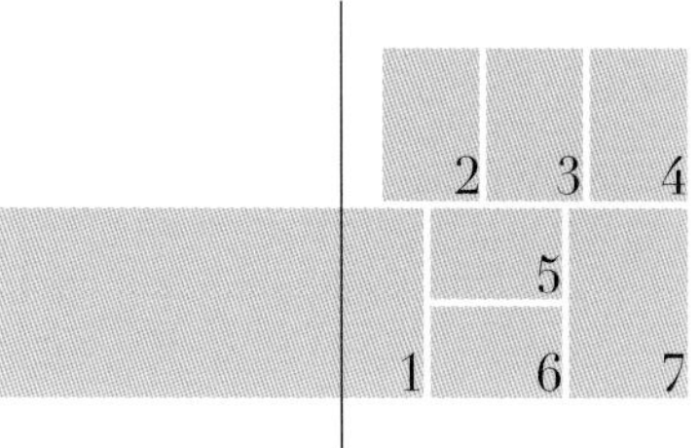

1. 秋色中的小镇建筑群就好像一幅天然的风景画
2. 石磨盘装饰的院墙充满历史的质感
3. 弯曲的道路让建筑错落有致
4. 建筑掩映在秋色中
5. 进入小镇的路仿佛进入了一个不被打扰的人间桃花源
6. 河边上的小桥都是木质的，简单又和谐
7. 每走一步都是不一样的风景

WF67 JGU

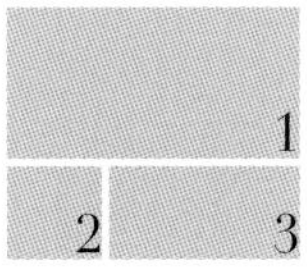

1. 建筑依山而建，错落有致，目之所及极为丰富
2. 一个小小的标识牌
3. 诗酒田园的自然乡村景色

在这些村庄中慢慢游弋细细品味，看着如诗如画般的村庄，无与伦比的自然乡村景色，古朴悠久的石质民居，在这停留一个夜晚，再到村庄四周去散散步，享受这安逸闲适的乡野生活，人生美妙惬意不过如此了。

在小镇上漫无目的地闲庭信步，然后缓缓放下心中一切的压力，放松全身心，再然后……你就会发现不想离开这里了。

就算离开，你会依恋，你会不舍。我想这就是拜伯里小镇的魅力。

Bourton-on-the-Water

水上伯顿小镇

有人说这里是“英国的威尼斯”

浅浅窄窄的温德拉什河环绕小镇蜿蜒流淌

河畔两岸绿树成荫

道路阡陌纵横

各色花朵映衬下的石屋温和宁静

在这里，时光都慢下来了

❶ 公共卫生间
❷ 游客服务中心
❸ 银行

世界上最美的村庄之一，位于英国最上镜的自然风景区之一，同时也是最富裕的区域之一……这个村庄，就是水上伯顿小镇。在被评为英国“杰出自然风景区”的科茨沃尔德，水上伯顿小镇就像是皇冠上的那颗明珠。

沿着格洛斯特郡绿树成荫的小路，穿梭在连绵起伏的山丘，以及宽阔的小麦、油菜花和大麦地间，时而还能路过小溪及运河上那一座座漂亮的小石桥——这里空气清新，水质纯净——可以观察到最简单纯朴的英国乡村生活。

白天的小村落动中有静，动的是小镇中心，清澈的河里有野鸭游弋、有孩子戏水；而河边则大树参天，餐馆以及小镇中心艺术的橱窗吸引着大家闲适地聊天、喝酒和购物。

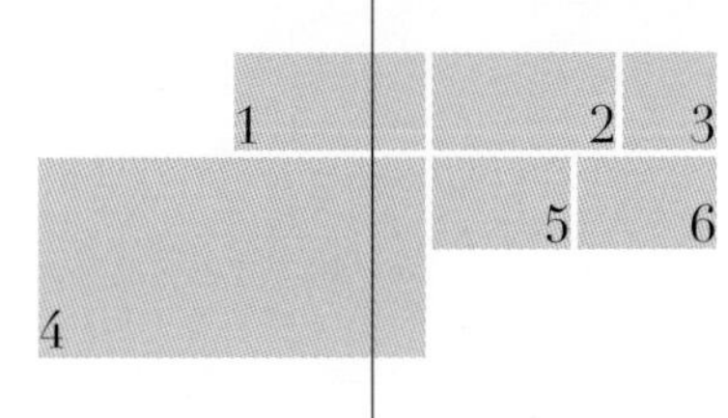

1. 每一栋房子都花团锦簇
2. 阳光照射下的建筑呈现出迷人的蜜蜡黄
3. 时光流逝，静谧的小镇街巷给人莫名的感动
4. 一座座造型古朴、色彩和谐的小屋，毗邻交错
5. 高大的树木成为整个小镇无声的守护者
6. 小镇花团锦簇，舒适宜居

温德拉什河从村中心5座石桥下穿流而过，两岸密布着酒吧、餐馆、摊档、报亭，构成了颇有水乡小镇风味的迷人景观。真是小桥流水人家，清澈见底的小溪，迷人的连接两岸的低矮石桥，河岸边大树成荫下的男女、水中野鸭与桥上嬉戏的小孩，街边闲逛的游客形成了水上伯顿小镇独特的风景线。

小镇非常小而精致，我们进入小镇就慢慢地迷失在小镇的自然风景和沧桑石墙、石瓦顶的乡村别墅、教堂等的高低错落有致的建筑里。

1. 水岸边点缀着小景，引人注目
2. 河水非常清浅，孩子们在水面上玩得不亦乐乎
3. 黄色的玫瑰爬上门廊
4. 村舍流水相映成趣，高树低柳俯仰生姿

这个小村备受上苍的眷顾。

早在约6000年以前，这里就有人定居。古罗马占领不列颠时，聚落的规模不断扩大，村子的地里曾发现古钱币和陶器。

基督教教堂在11世纪建成，几乎所有住宅都有400年以上的历史。这里的建筑大多使用黄色石灰岩石，房顶的山墙、窗户以及门檐都别具一格。由于其历史价值和美学价值，有117栋房子受到政府的保护。

从河边街巷一路闲逛两个小时，细数镇上许多旅游景点，包括模型村庄博物馆、香水博物馆、汽车博物馆、教堂，和颇吸引人的有着53年历史的鸟园。

有些商店下午五点半就关门了，动中有静的是村落后排建筑，几乎都是大宅与私家领地及远方的丘陵，一幅宁静致远图，每家院子只有花草在风中摇曳，当游客散去后，小镇又恢复了宁静。

这是一个相当典型的英国小镇，也是一个值得学习借鉴的小镇。

1

2

1. 宁静的小镇街道，让人流连忘返
2. 家家户户都拥有精心布置的花园

在小镇上碰到小孩闲聊，孩子说是到奶奶家玩，边说脸上边露出灿烂的笑容，朋友一个招呼就往水里走去，手上还拿着网兜……

这就是水上伯顿小镇日常的情景，当你置身于水街小巷，享受宁静致远的片刻时，会感到身心的舒畅，会忘却不快与忧愁，发自心底的喜欢这个充满欢乐、无忧无虑的小村庄。

要看英国典型的英式建筑和田园风光，一定要到英国科茨沃尔德看一看。而我想说，如果到了科茨沃尔德，一定不要错过水上伯顿小镇。

Cambridge

剑桥

“悄悄的我走了

正如我悄悄的来

我挥一挥衣袖，不带走一片云彩”

——徐志摩《再别康桥》

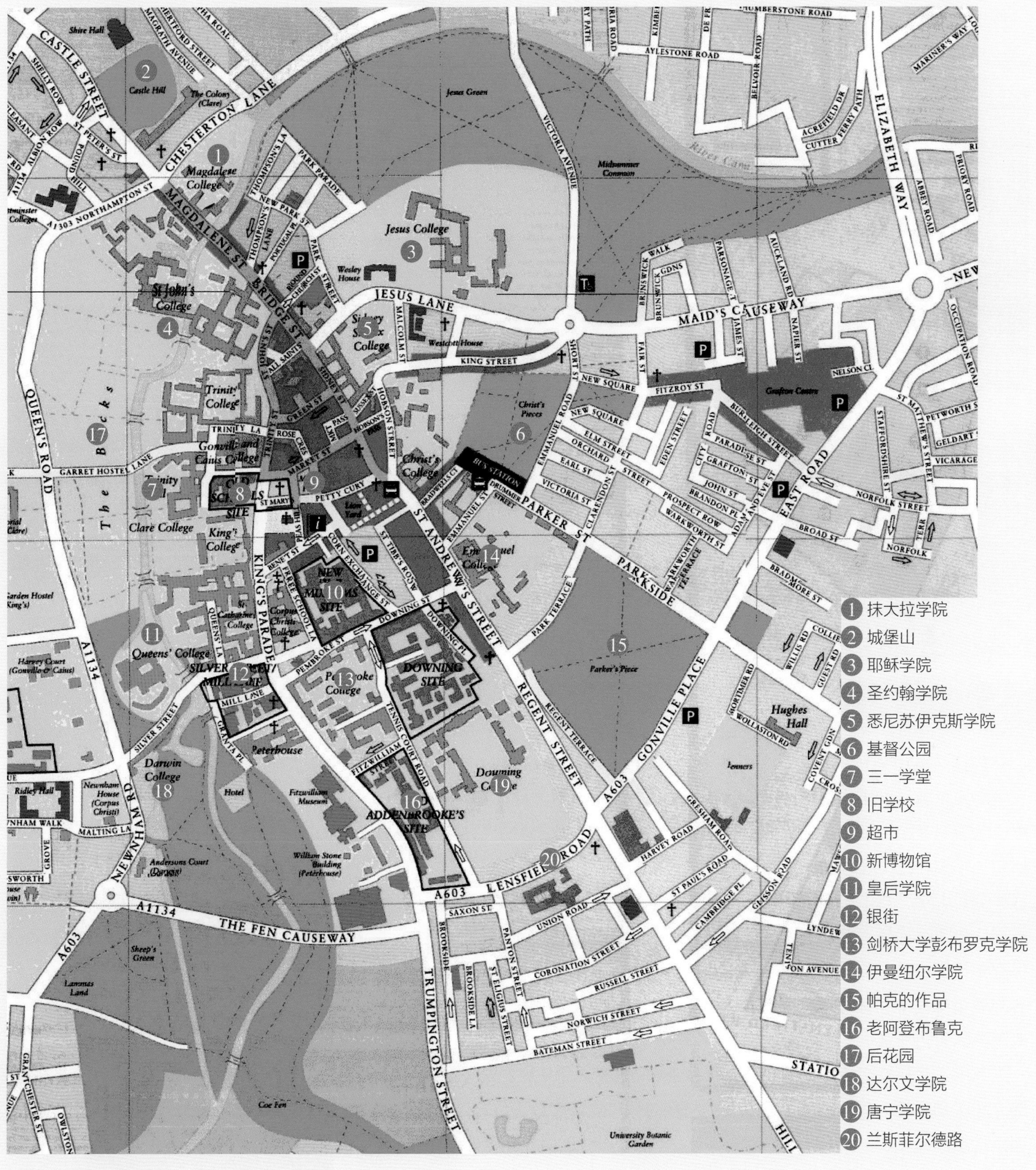

Shire Hall
Castle Hill
The Colony (Clare)
CASTLE STREET
CHESTERTON LANE
Magdalene College
MAGDALENE ST
BRIDGE ST
Jesus Green
Midsummer Common
River Cam
Jesus College
Wesley House
JESUS LANE
Westcott House
KING STREET
MAID'S CAUSEWAY
ELIZABETH WAY
St John's College
Sidney Sussex College
Trinity College
Gonville and Caius College
Christ's College
Christ's Pieces
BUS STATION
EMMANUEL ROAD
Grafton Centre
FITZROY ST
EAST ROAD
PARKER ST
PARKSIDE
Emmanuel College
Parker's Piece
ST ANDREW'S STREET
REGENT STREET
GONVILLE PLACE
Hughes Hall
QUEEN'S ROAD
GARRET HOSTEL LANE
Clare College
King's College
KING'S PARADE
TRUMPINGTON STREET
DOWNING ST
DOWNING SITE
Queens' College
SILVER STREET
Pembroke College
Peterhouse
Fitzwilliam Museum
ADDENBROOKE'S SITE
Downing College
LENSFIELD ROAD
Darwin College
NEWNHAM RD
THE FEN CAUSEWAY
Sheep's Green
Lammas Land
Coe Fen
University Botanic Garden
TRUMPINGTON STREET
1 抹大拉学院
2 城堡山
3 耶稣学院
4 圣约翰学院
5 悉尼苏伊克斯学院
6 基督公园
7 三一学堂
8 旧学校
9 超市
10 新博物馆
11 皇后学院
12 银街
13 剑桥大学彭布罗克学院
14 伊曼纽尔学院
15 帕克的作品
16 老阿登布鲁克
17 后花园
18 达尔文学院
19 唐宁学院
20 兰斯菲尔德路

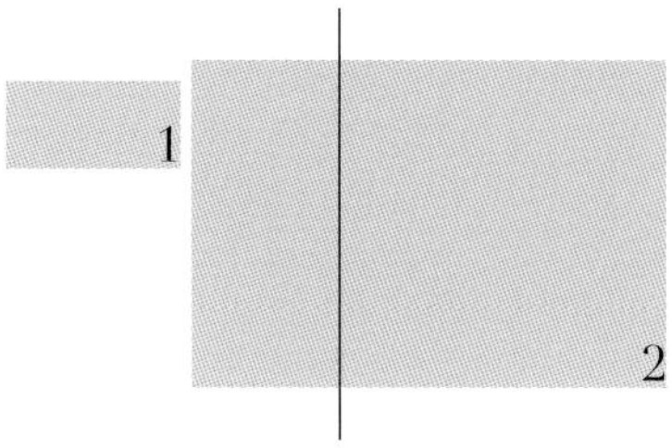

1　2

1. 历史悠久的红砖建筑
2. 著名的国王学院

剑桥是英国剑桥郡首府，剑桥大学所在地，早在2000年前，罗马人就曾在这个距伦敦约90千米的地方安营扎寨，屯兵驻军。虽然如此，在漫长的岁月里，剑桥只是个乡间集镇而已。直到剑桥大学成立后，这个城镇的名字才为人所知，今天它已经成为9.2万人口的城市。

剑桥大学，与牛津大学齐名，都是世界著名学府，但这里的气氛却与牛津不同。牛津被称作“大学中有城市”，剑桥则是“城市中有大学”。尽管这里保存了许多中世纪的建筑，但就整个剑桥的外观而言仍是明快且现代化的。还有与城市规模不相称的众多剧场、美术馆等设施，更使得这座大学城散发出一股浓浓的文艺气息。

英中文化科技交流协会秘书长迟耀瑜老师和剑桥郡原主席罗宾（Robin）详细介绍了剑桥郡（省）的城市发展和乡村规划。我想许多做法值得国内借鉴：如土地与村民关系、环境保护与防洪、农业产业与科技、医疗及养老问题。

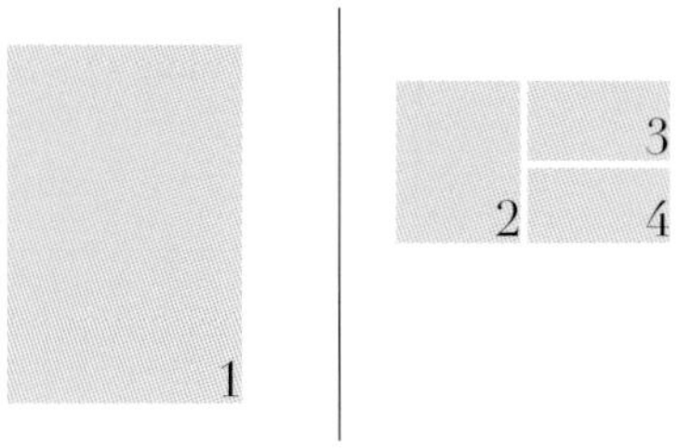

1. 校园也是花园
2. 紫藤长廊为剑桥大学增添了秀美
3. 花草芨蓉的氛围让人心旷神怡
4. 矮墙都记录着剑桥的历史，是典型的英伦风格

剑桥郡乡村不但生活舒适，环境优美，田园如花园，而且雨洪管理、教育、医疗环保、娱乐设施也有保障，且农牧产业、旅游产业和乡村总部园区产业发展合理，所以乡民的收入也相当高。在乡村，他们可以更加自由自在地生活，耕作土地、装饰自家的花园、庭院。另外迷人的剑桥乡村景色吸引许多社会的精英购房生活于此。也有从乡村里走出来的精英，他们热爱自己的家乡，发达之后首先想到要把自己的家乡变得更加美好。

剑桥乡村的美景不只是单纯的美丽和静谧，历史积淀出乡村之美的淡雅和从容，而时间则将这种美炼就得愈加醇香，愈加真实。

我深深被剑桥大学花园的美丽所打动，小小的一块土地，通常被认为做不了什么事情，但在英国，在剑桥却被精心对待成为典型的英式花园。事实上，每个学院花园都有前庭广场、入口花园和后花园之分。入口花园无论大小，都郁郁葱葱，是用于展示的；而无论前庭花园多么巨大，老师和学生也都不会坐在前庭花园的区域中，因为它的作用是“美给别人看的”，而学院内花园通常建筑围合在中庭，如沃尔森学院（Wolfson College）花园，在办公楼与餐厅之间，餐厅是花园式餐厅，教师、学生、游客可以在美美的花园中吃饭。在开放、民主和放松的剑桥，让人感觉学院花园的美都充满书卷气。

其实剑桥大学城中也有田园风光，花园相伴，一派自然生态的生活气息。剑桥大学是镶嵌在乡村里的风光，这里首先是乡村，是森林；其次才是建筑，才是师生。一所大学，就是一个乡镇，让自然的幽静，化为思想的幽远。

作为最先发生工业革命，曾经深受环境污染之害的国度，这些乡村风景在不断扩张膨胀蚕食周边环境的都市冲击下，仍能保存得这样完整，这份功劳，至少大部分可以归于英国的乡村保护协会、规划委员会和环境保护委员会。

所以我们要思考、要问中国的乡村保护怎么真正落地成为一代代的传世经典桃花源。

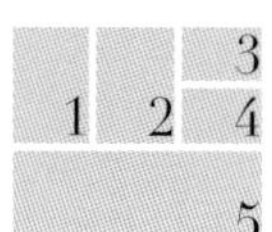

1. 围墙与植物
2. 雕塑温柔宁静
3. 一角一隅都是景
4. 世界闻名的叹息桥
5. 剑桥大学纽纳姆学院（Newnham College）前的下沉花园

剑桥大学各学院精致、雅致的花园令人叹为观止，数学桥、叹息桥与徐志摩的再别康桥故事让剑桥成为令人神往之地。另外我们特意聆听了剑桥学院花园管理者菲利普先生的详细讲解。纽纳姆学院的花园，每个花园都是人们停留驻足和学习与自然交融为伴的场所空间，而一个园艺工人管理近20亩（约1.3公顷）的校园花园也值得国内借鉴与学习。当然圣约翰学院的教堂、教室、大草坪、花境园；三一学院、国王学院的建筑之美以及我们在剑桥学院的午餐都在告诉我们剑桥之神圣又美丽的传奇。

“悄悄的我走了，正如我悄悄的来。我挥一挥衣袖，不带走一片云彩。”不管是泛舟剑河之上还是漫步在林荫小道之间，剑桥大学的迷人气息会让人一瞬间爱上这座小镇。

Castle Combe Village
库姆堡小镇

英格兰最漂亮的村子

据说也是英国古老街道保存最完好的一个小镇

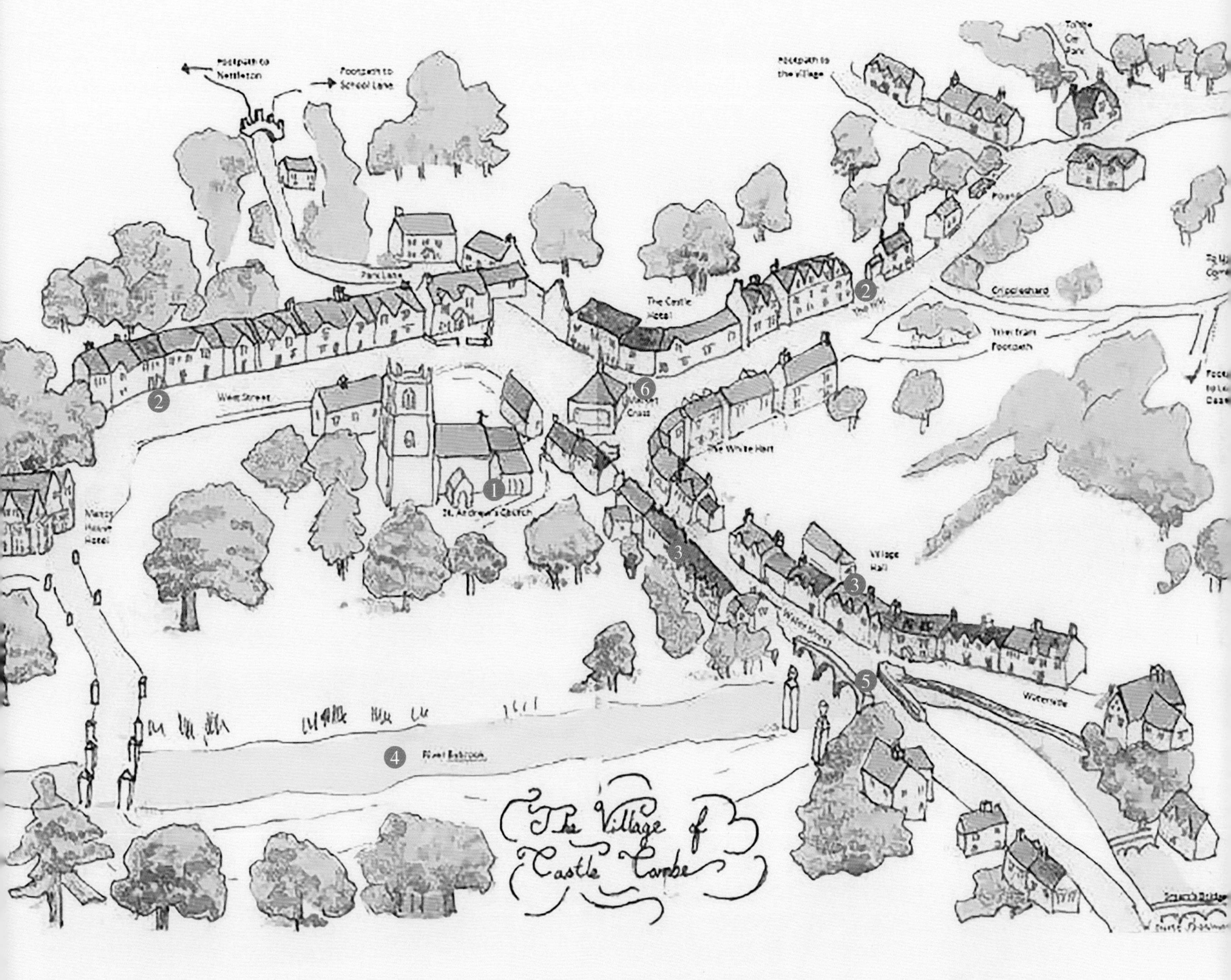

❶ 教堂
❷ 石板街
❸ 蜜蜡色陡顶石屋
❹ 拜布鲁克河
❺ 矮桥
❻ 集市

库姆堡小镇位于科茨沃尔德南端，田园诗般的村庄依偎在一片丛林山谷中，潺潺小溪从成排鸟巢似的农宅旁穿过，像走进了历史中的童话小镇。

库姆堡的石桥坐落在小镇南侧，横跨在拜布鲁克河（Bybrook River）上，附近拥有多座美丽的蜜色陡顶石屋。

集市坐落在小镇中心，是一个三岔口，北侧有一座建于14世纪的陡顶集市屋，见证了库姆堡这座小镇举办周集（weekly market）的悠久历史。

1. 欣赏库姆堡小镇最佳角度和机位
2. 宛如镶嵌在一片绿色山林中的宝石
3. 清晨的街道，仿佛穿越至英国影视作品，一砖一石都传递着淳朴自然

小镇只有一条街道，格调一致的英式小屋分布两侧，墙壁上种植着装饰的小花。这里也被归划为自然保护区。小镇至今保存13~15世纪的传统风格，完全没有任何路灯，在晴朗的夜晚，仰望星空，可以观赏到无边无垠的星河，静静享受远离城市喧嚣的乡村景色。

1. 鲜花、民居、教堂……这就是属于小镇居民最本质的生活
2. 鲜花装点过的小屋
3. 人们在这四季常绿的小镇过着恬静美好的生活
4. 让大地芬芳，让屋檐挂满飘香
5. 时光仿佛偏爱这里，又仿佛忘却了这里

1

2 3

1. 小小的花钵、红色的邮筒、蓝色的木门都记录着小镇的古老却又充满生机

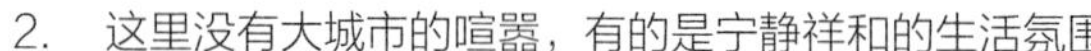
2. 这里没有大城市的喧嚣，有的是宁静祥和的生活氛围

3. 傍晚，小镇格外静谧

漫步于小镇中，许多建筑都已被列为保护文物，整条主街只有沿山谷而筑的一条石板弧型小街，时光与空间都似乎已停留在过去，令人无限陶醉。我们慢慢悠悠地度过了美好的一天，绽放的鲜花、安静的小山坡和时不时响起的跑车轰鸣……

Clovelly
克劳夫利小镇

寻找克劳夫利的永恒村庄

在那里，陡峭的鹅卵石街道倾泻而下

经过了闪耀的白色小屋

一直延伸到深蓝的小港口

The Chapels
and

克劳夫利小镇是位于德文郡北部海岸线上的古老渔村，至今已有800年的历史，是英国最美的小渔村之一，也是英国唯一一个收费才可参观的村庄。

村子沿山而建，进村要走一段坡度不小的小道，镇上全都是白色的渔家小屋，民居是那种很有特色的茅草屋顶，卵石街道自上而下呈一直线延伸至海边，每一颗卵石，都来自沙滩上，被海浪日积月累地打磨。

当微风穿过树林，便可以从树叶的缝隙中隐约看见另一侧港口和比迪福德湾的壮观景象。

想要好好品味克劳夫利小镇绝美的环境，最好的游览方法之一便是漫步在哈贝步道上。

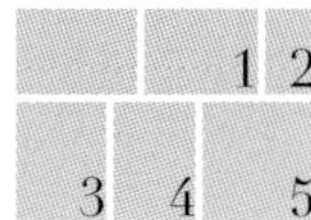

1. 沿海系列精灵雕塑让人感受到小镇闲适的氛围
2. 充满生活气息的小院
3. 白色的建筑沿山而建
4. 杂乱中透露着生活的艺术
5. 凝望着路人的小狗

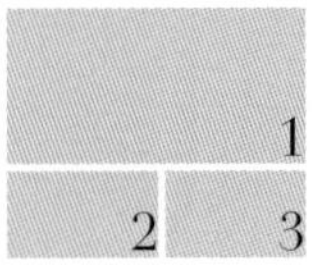

1. 一排排白色的房子诠释着“面朝大海，春暖花开”
2. 建筑鳞次栉比、错落有致
3. 每一个美丽的院子一定有一个热爱生活的主人

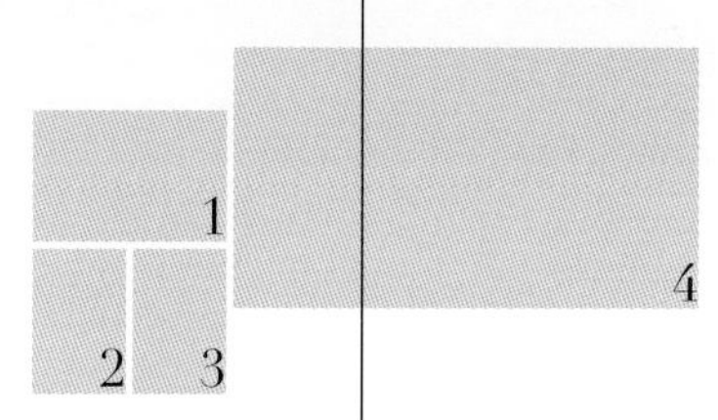

1. 海鸥与蓝天
2. 简单却又绿意盎然的入口
3. 一条条富有情趣的街巷，让人想一探究竟
4. 跨越山与海，落日余晖盼你而来

克劳夫利小镇还有许多宝藏隐藏在小小的街道和巷子中，让我们一起慢慢找出它们……

悬崖边上的树林生长着茂密的多节瘤橡树，林子里面栖息着各式各样的鸟类、蝴蝶和小型的哺乳动物。除此之外，还有绚丽的洋地黄、报春花、风铃草交织成美丽风景和怡人的景色。

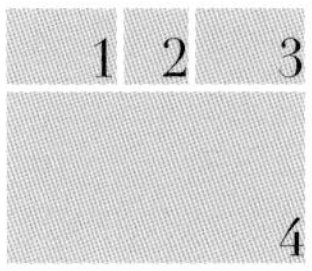

1. 鲜花盛开在屋前屋后
2. 每一栋建筑都有绿色来点缀
3. 石缝里的小花记录着一整个春天的绚烂
4. 白云、清风、鲜花、尖尖的屋顶和烟囱，梦里的场景

“顷刻间，温暖的阳光洒在白色的小屋上，灰色的屋顶轻吐着云烟，花园的景象在光影中若隐若现，就连蝴蝶的翅膀也仿佛沾染了金色的光芒，它们展开双翅，从上方的树林飞向缤纷的花园。”

——查理·金斯莱（Charles Kingsley）

Cockington Village
卡金顿村

重现莎士比亚笔下的浪漫情怀与

如画的唯美景色

Sea Front

德文郡托基海边的卡金顿村，深深吸引了我们的目光与脚步。这是一个生活节奏缓慢且愉悦的小村落，依山、傍海又临泉，森林、溪流及花园环绕小镇，静谧而又古朴，一个值得我们驻足游学的地方。如果你来，千万不要错过这个有特色的茅草屋村落。

其实在经常下雨的英国并不经常能看得到这里别样的茅草屋顶，这里的天气出奇地好，温和而舒适。

在这里，每家每户都有各自独特个性的盆栽、古朴的石材。花园中不同色彩绚丽的植被被混合种在绿地内。丰富的花色，交错的空间布局，让植物景观更显丰盈。

1. 卡金顿村隐藏在山谷中
2. 水体清澈见底
3. 街道蜿蜒，让人想要一探究竟
4. 小镇浓浓的生活气息

我们用脚步丈量着风景如画的村庄，这里有茅草房和特色的石头房子，这里每家都有迷人却又与众不同的四季花园，小溪静静地流淌着，飞翔的翠鸟和爬满了石墙的花草，可以走在诗意薄雾里的晨霞、夜晚里的星空中，那保持着原乡、原住民、画卷般原生态环境的英国乡村是何等的惬意。

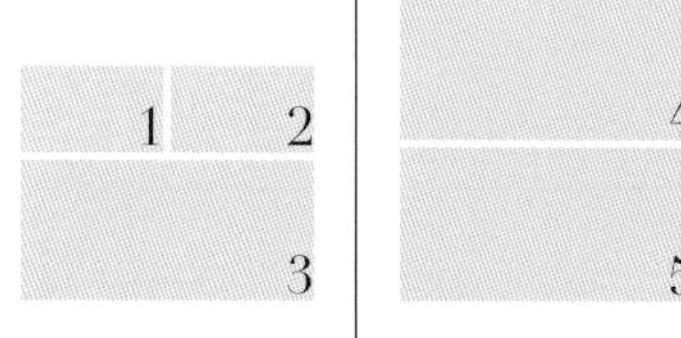

1. 卡金顿村内藏着很多尺度宜人的小花园
2. 门口的小型雕塑
3. 卡金顿村特色的茅草房
4. 春天的卡金顿村万物复苏，生机盎然
5. 深秋的卡金顿村有着深邃之美

1. 透过爱心的门洞，一个色彩缤纷的花园映入眼帘
2. 古老的垒石墙上爬满了各色的花卉，让人目不暇接
3. 一角一隅都雅致且生机勃勃

清澈的湖水、潺潺的溪流，还有大片大片的绿色草坪。一眼望去，令人心旷神怡。

村庄最具特色的是那一座座极具法国南部风情的茅草屋，满满的乡村情调十分浪漫。

在卡金顿村，牵手漫步其中，浪漫得那么不真实。

附录

言有尽而意无穷。各种各样历史悠久、保存完好的英国花园仍然在焕发着勃勃生机。在本书最后，将英国“花艺界和园艺界的奥斯卡”——简析英国花展成功之道，影响英国自然风景园林发展的要素分析，英国自然风景园林重要造园时期、代表人物与事件的回顾，英国自然风景园林历史与著作大事年表，英国园林常用植物名录五个篇章放入附录内，对正文内容进行补充。

01 英国“花艺界和园艺界的奥斯卡”
——简析英国花展成功之道[1]

英国切尔西花展（Chelsea Flower Show）和英国汉普顿宫花展（Hampton Court Palace Flower Show）都是由英国皇家园艺学会（Royal Horticultural Society，RHS）主办。这两个花展是全球花园爱好者都向往的最高级别的花展，尤其是切尔西花展，被称为“花艺界和园艺界的奥斯卡”。自1862年起，切尔西花展已有160多年的历史，在英国、欧洲乃至世界都拥有巨大的影响力、传播力和号召力。英国花展是靠什么成功的？它能给我们什么启示？

每年来自世界各地的数以万计的参观者

切尔西花展由英国皇家园艺学会举办，首展于1862年，最初在肯辛顿(Kensington)举办，自1913 年起移至伦敦的切尔西地区。因为花展固定在切尔西地区举办，故而被称为切尔西花展。汉普顿宫花展起源于1990年，慈善机构Historic Royal Palaces和英国东南铁路网（Network Southeast）创立并举办了第一届汉普顿宫花展。1992年，东南铁路网宣布退出，后来英国皇家园艺协会（RHS）中标接管花展。1993年，第一届英国皇家园艺协会汉普顿宫花展举行。由此可见两个花展都具有悠久的历史。

[1]原文载《上海绿化市容》，2016年第3期。

Middleton Nurseries
RHS
FUNNELL
RHS

RHS CHELSEA FLOWER SHOW
THE ROYAL HOSPITAL

Sponsored by
S Chelsea Flower Show

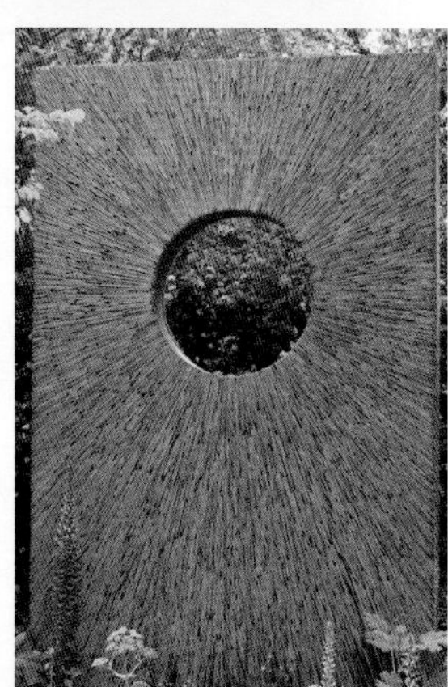

refresh

切尔西花展和汉普顿宫花展作为全球顶级的花艺、园艺展会已经成为世界花艺与园艺行业发展的风向标。

切尔西花展每年5月底在泰晤士河的清风和明媚英式阳光中举办，各式珍奇花卉、新优植物、园艺设施、资材、精致庭院吸引了数以万计世界各地纷至沓来的爱花之人，当之无愧的被称为“花艺界和园艺界的奥斯卡”。切尔西花展分为室内、室外两个展区。室内展区通常在一个巨型帐篷内，展出多种最新的花艺、园艺珍品，包括植物育种家们培育的新优花卉、蔬菜、果树、香草等和唯美的花艺作品以及各式各样的园艺产品。室外展区主要是花园的展览及花园资材的展览，而花园展览包括四大类，分别为展示花园（Show Gardens）、时尚花园（Chic Gardens）、城市花园（City Gardens）和庭院花园(Courtyard Gardens)。

在英国流行着这样的说法，有三件事常常引起伦敦交通拥堵：一是英国女王出行；二是获胜的足球队凯旋；三就是切尔西花展对外开放。由此可见，切尔西花展的文化魅力对英国人以及喜爱花卉、园艺的世界各国人士都具有相当的吸引力。

据统计，切尔西花展每年的参观人数都超过了161000人次。总票价折合成人民币将近1000元，门票收入折合人民币1亿6千万。这还不包括各项赞助费用及分时段票费用。但即便门票费用如此昂贵，花展仍然一票难求。

相比之下汉普顿宫花展的门票价格则要亲民很多，更注重普通民众的参与性。

汉普顿宫花展每年7月在历史悠久的汉普顿宫举办，相比切尔西花展的专业性，汉普顿宫花展更加注重全民狂欢，内容更丰富，侧重环境保护、自我提升等。

成功原因之一：和王室互动致意

切尔西花展作为全球顶级花园展会之一，是英国也是世界花艺与园艺设计、育种、庭院营造行业的风向标。除了专业人士和爱花人士之外，更吸引着英国的王室成员、明星名流和企业家，已故英国女王伊丽莎白二世也是每年必到。这些社会名流们衣着典雅高贵、气质非凡，手持昂贵的花展入场券，相约知己好友穿梭在各花园展区中赏花、交流、思考等。王室和社会名流的热爱、追捧与赞助，也成为切尔西花展无形的“名片”和“代言人”。

花展每年也会顺应主题和英国王室进行互动，2016年室内展区最受欢迎的是一个向90岁英国女王的生日（4月21日）致以最高敬意的作品，该作品是由英国花艺师韦弗斯·卡特（Veevers Carter）用1万枝鲜花制成的，层层花朵围成的女王鲜花剪影与围墙不同色调的花卉组合在一起，是切尔西花展献给女王最好的礼物。作为英国王室成员之一威廉王子家的小公主夏洛特（Charlotte）参观花展，展商甚至将新品种的绿色菊花命名为‘夏洛特菊’。这种国家层面与展会之间的互动，所引申和带来的话题及传播力，让切尔西花展的影响力不断扩大和持续，而且女王还赞助花展费用表示支持这一世界性盛会。

成功原因之二：全民爱花、种花、赏花和专业评比

在英国，家家都有花园，每个人都是园丁，追星、追花园都是英国的传统，更有部分英国人达到痴迷程度，穷极一生建花园。种花更是花园女主人骨子里的优雅，英国的花园主大部分是女主人，她们每一个人都利用闲暇时间打理花园，以此为乐、以此为傲、以此为雅。据统计有大约超过2/3的英国人都是“积极的园丁”。英国还成立一个非官方的国家防止虐待花园协会（National Association for the Prevention of Cruelty to the Garden）。这都是切尔西花展和汉普顿宫花展成功的全民基础和关键所在。

具有专业实力的英国皇家园艺学会（RHS），在整个花展发展过程中起着主导作用。通过丰硕的园艺和花艺成果以及公开透明的评比，展示花艺园艺的于美好生活的不可或缺以及深邃的花为媒文化，将花展办成具有强大影响力和辐射力的社会化产业活动，吸引着世界各地各行各业的关注与积极参与和各大媒体的报道与传播，这是英国皇家园艺学会推动花艺、园艺产业可持续发展的有效手段。

切尔西花展设立杰出花园设计奖，奖项分为4个等级：金奖（Gold）、镀金白银奖（Silver-Gilt）、银奖（Silver）、铜奖（Bronze）。另外也有对于建造工艺的褒奖，设置最佳技艺奖（The Best Artisan Award），鼓励从业者更精细化造园,最大奖为RHS总统奖（The President's Award）。除了室外花园评奖外，还有鼓励植物品种研发的专项大奖。各大奖项的评比除了鼓励从业者的积极性外，更对整个园艺和花艺起到引导和鼓励推动的作用。

2022年的汉普顿宫花展共建设了展示花园（Show Gardens）、专题花园（Feature Gardens）、为新人设置的开始花园（Get Started Gardens）和全球影响力花园（Global Impact Gardens）等四大类20个花园。除了专题花园外，其他三类花园都会进行设计和建造的评奖。

评比的专业化和公平性，为英国皇家园艺学会带来了良好的口碑和美誉，两者相辅相成，起到叠加的作用。

成功原因之三：引领与指导着世界花艺、园艺的方向

作为一个国际化的花艺、园艺盛会，每年来自世界各地的近700名花艺师、园艺师、庭院营造师都会在这里亮出自己最有想象力、创造力的作品，每年都会涌现出设计独到、主题新颖、令人啧啧惊叹的花艺及园艺作品。

根据主题不同，每年的设计作品倾向性会有所不同。比如2015年的切尔西花展中的许多展览花园都强调可持续人居环境，保护英国园艺遗产和弱势人群，希望创造一个更加绿色美好的未来；2016年则集中展示了高科技与自然主义、生态主义结合的创新理念。

两大花展可以说是汇聚当今世界最前沿、最时尚的花艺、园艺设计、育种、花文化的盛会，代表全球最顶尖的园艺和花艺建造水平及园艺品种、资材小品的展览，并逐渐趋

于强调功能与园艺的完美结合。传递着花园不再是仅供体验观赏的场所，而是融入了多样的活动、感情、文化内容，潜移默化地引领与指导着世界花艺、园艺的发展方向。

成功原因之四：约10万种的园艺品种

长期采集育种使得英国具有极其丰富的园艺品种（约10万种），加上英国完善的资材产业链，成了花展成功的支撑点。

两大花展非常可取的是对新优品种培育的支持和大力推广应用。

在最近几期花展中，新优品种魅力和工具介质材料频频运用，如药用植物、厨房植物、耐干旱植物、草本植物、变色品种及针叶树种都在展会中做大量推广。空前的园艺品种选育，让人们可以在花展上观摩到更多新颖的园艺植物品种。

除了品种之外，新优花卉的运用手法、花园种植形式的改变和突破，都带来了耳目一新的视觉观感，也对新品种的推广起到了积极的作用，并在使用者和园艺工具、介质材料之间形成了完整的产业链。

英国花园设计师、庭院设计师菲利普（Phlip）和Kga Wending Li认为："园艺品种的杂交选育特别重要，亚洲国家如日本在这方面也有追求和成果，但是中国可能太追求效益，而园艺育种不是一蹴而就的。中国是植物品种大国，英国很多品种母本就来自中国，今天的成长要感谢中国。育种是长期的，一定是世代相传的，这就是为什么英国上百年园艺家庭、公司比比皆是。"

成功原因之五：专业与商业模式的巧妙结合

切尔西花展和汉普顿宫花展可以说是世界上将花展专业与商业模式巧妙融合，使之走向产业市场化、生产专业化、花园艺术化的最成功的案例。

各大名人、商家纷纷抢先赞助花展，2013年切尔西花展上的M&G百年花园、2016年欧舒丹花园，都是由各大赞助商出资，并聘请设计师、园艺师设计建造的。

花展中不仅能直接购买到各种花卉、蔬菜的最新品种的种子，还有各种花园摆件、园林资材、书籍杂志、手工艺品，接触到最前沿设计师的设计作品，并与设计师深度交流，每一个花艺园艺工作者都会滔滔不绝地向你介绍他的产品和对园艺方面的认识。

花展举办期间，还会有各种庆祝酒会、歌剧表演等活动，人们也可以在草地上用餐，聊起在展会上看到的精彩，各个眉飞色舞，真正是花艺人、园艺人、爱花人的盛会。

BOSCH

Simon
Gudgeon
Sculptur
IDEAS

02 影响英国自然风景园林发展的要素分析

18世纪英国自然风景园林的出现，从根本上改变了欧洲大陆由意式台地园林与法国勒诺特尔等规则式园林统治的长达千年的历史，这是西方园林艺术领域内的一场极为深刻的革命。这不仅与英国自然气候有着极大关系，更与当时英国国家发展的社会化语境，文学与绘画语境下人的思想和追求，工业与航海发展带来的植物丰富、人人都是园丁，以及因此转变的经济、文学艺术等诸多要素有关。

1.社会化语境

由于16世纪英国产业革命的发展，国家颁布禁止砍伐森林法令，并进行大规模的植树造林运动，极大地保护了英国的树林等生态群落；到了18世纪，这些树林群落和牧草与农作物轮作，让乡村面貌发生了巨大改变，为自然风景式园林的发展提供了基础条件。工业与航海发展又带来了世界各地的丰富植物，一大批植物猎人与园艺达人引导了英国的园艺与庭院热潮。

同时，18世纪是英国一个追寻传统并展望未来的世纪，英国的托利党人与辉格党人有着不同的思想。辉格党人崇尚改革与创新，是从围墙园林和大道向自然的林地、水、山坡、花园布局的品位革命，是发端于个人、聚焦于思想并关联着庭院设计风格的改变。君主立宪制的建立，使中世纪、文艺复兴等古典主义规则园林遭到抛弃，出现新型的资产阶级来整治与规划庄园，这些新型资产阶级拥有自己的文学与美学思想，拥有足够的资产，并倡导自由，而造园成为特殊的自由意识的体现。同时，英国的民族主义艺术观开始逐步形成，英国的文学家与造园家努力摆脱他国影响，在博采众长中寻找英国自身的园林特点。英国自然条件以起伏的丘陵为主，低矮的云层与潮湿的空气，气候利于植物自然生长，古典主义崇尚的大轴线与整形式园林实际上并不适宜英国的地形地貌，不仅建设成本高而且养护费用也高，这一系列原因都促使英国园林适合朝自然风景园林方向发展并最终形成独有的风格。

2.田园文学语境

《我眼中的英国花园：上》中表述了17世纪的培根、坦普尔、弥尔顿等田园文学影响了英国园林由规则向自然风景方向的转向，如1625年培根的《随笔集》（*Essays*）中关于庭院一段论述了他理想的花园是自然的、非规则的；坦普尔的《论伊壁鸠鲁庭院》（*On the Court of Epicurus*）也论述了对田园与自然的赞美与向往，弥尔顿在《失乐园》（*Paradise Lost*）中描写了充满自然情调的伊甸园式花园景观；到18世纪的蒲柏、艾迪生、申斯通等文人同样充满了对自然田园的赞美与崇尚，艾迪生的《庭园的快乐》与蒲柏的《论植物雕刻》大力赞美了自然风景式的造园，追求与享受

田园牧歌生活，使他们成为自然式造园的文人斗士，他们同样认为园林是一门艺术，艺术应效仿自然，不跟随自然的步伐就无法设计出美丽和艺术的园林，所以自然式造园的思想源泉最初来源于文人的文学著作，而非从园林造园家开始。虽然田园文学是英国自然式风景园林的源泉与开始，但文人崇尚自然的造园思想付诸实践的非常少，最终还是通过职业造园家来实现的，比如英国自然风景式造园的鼻祖是斯维泽与布里基曼，他们欣赏的风景：广阔的田野、野趣的树丛、蜿蜒的河水与激荡的瀑布以及那远处的山峦。随后的肯特、布朗、普莱斯、吉尔平、奈特、雷普顿、钱伯斯、路登、杰基尔、罗宾逊、莫里斯等都是自然风景造园各时期的风云人物，他们把自然万物视为最艺术的园林，汲取自然的营养进而孕育出伟大的英国自然风景园林作品，如斯陀园、斯托海德风景园、布伦海姆宫等经典的自然式园林。到了19世纪英国浪漫主义诗歌兴起，他们赞美英国的湖光山色，产生“回到大自然中去”的思想，被称为“湖畔派诗人”，与中国东晋时期陶渊明的《桃花源记》如出一辙。他们在诗歌创作中倡导关注自然、回归自然，通过对自然之物、自然之景的描绘，为人们展现了或清新或热烈的自然画卷，并启发人思考随英国工业革命而来的各种隐忧，从而引发人们对于人性和自我以及与自然和谐发展的思索。

3.风景画要素

对于英国园林发展来说，前面提到田园文学给予英国造园家以灵感，但风景画从17~19世纪对英国园林的影响也是巨大的，我们再度强调下欧洲风景画对英国自然风景园林的重要性：在文艺复兴的后期，17世纪的欧洲兴起了画家们对自然风景的认识与兴趣，如法国的画家普爽与洛兰就是自然风景画的代表人物，普爽在罗马度过了大部分时光，他与洛兰的自然与浪漫的风景画推动了欧洲风景画的发展；而英国风景画（English Landscape Painting）是18世纪中期至19世纪中后期英国美术流派之一，如一直创作肖像画的英国画家理查德・威尔逊(Richard Wilson)在1746年首先开始对乡村自然风景产生极大的兴趣，将风景之美体现在其绘画作品里。英国大地多丘陵无高山且地势绵延，云层低矮但云卷云舒，对比之下更显出大地的辽阔，而当太阳穿过云层投影到山坡、田野、河流、森林、牧场的时候，那种感觉是一种如诗如画的美，清晰的阳光光柱和路遇彩虹形成强烈的明暗对比，极大地激发着绘画家的视野美感的同时又能模糊风景的尺度感，时晴时雨、变幻诡谲的气候和桃花源般的画面怎么不会激起画家们的诗情画意的风景画欲望呢？他的风景画都来源于英国乡村大地风景的感知，威尔逊因此被称为英国风景画之父。自然的乡村一切都是那么的美好，所以这种画面感是画家的关注所在，也成为英式自然风景园追求的主要意向之一。19世纪，英国风景画进入黄金时代，出现了许多分支画派。如诺威奇画派（Norwich School）的老约翰・克罗姆（John Crome）和约翰・塞尔・科特曼（John Sell Cotman）受英国画家托马斯・盖因斯堡（Thomas Gainsborough）和一些荷兰风景画家的启迪，在诺威奇创建了诺威奇美术家协会（Norwich Society of Artists），为英国风景画的鼎盛作出贡献。

真正使英国风景画摆脱荷兰、法国或意大利宫廷绘画影响走上自己独立风景画道路的人是约翰・康斯特布尔（John Constable）和约翰・马罗德・威廉・透纳（John Mallord William Turner）。康斯特布尔的绘画艺术特点是在光影绚烂中又不失质朴真诚和感人，意在唤起人们对色彩斑斓和明亮变化的大自然的向往、对惬意生活的热爱，他在画中利用光影、色彩画出了时间、空间变幻无穷的诗意情景。康斯特布尔不仅对英国风景画的发展贡献巨大，他还是个痴迷于园林、园艺，衷心于大自然的画家，毫无保留地向世人诠释着大自然的美。另一位英国画家透纳，比康斯特布尔更富于幻想，现实对他来说只是为了达到幻想的跳板，他不是停留在自然风景外表的描绘上，而是深入到自然的内心，与心灵的对话才是他的表达，这些风景画的内涵超越现实又给英国风景造园带来艺术影响。

除此之外还有一位作为造园家的画家是汉弗莱・雷普顿，雷普顿与前人不同的是大量采用水彩绘画和写作的形式来表达其造园设计意图，并将自己为业主建造庭园时所作的绘画插图连同写作介绍一同公开出版，雷普顿就此开创了一种全新的庭园画设计表现方式。其中为了便于业主理解设计意图，他在水彩渲染表达设计意图的基础上，发明了所谓的“Slide 法”，即一种叠合图画法——采用两幅图片对比的方式来展示方案，这种表达手法我们至今仍在沿用。

4.园艺植物要素

英国园林中最多样化与季相变化的就是“园艺植物”要素。在帕特里克·泰勒的《英国园林》中描述英国原始开花植物品种仅1300种，通过采集来自不同国家和地区的植物资源并加以培育，英国现在已拥有约十万园艺品种植物资源，这些来自世界各地美妙、多彩的植物为英国园林及花园景观增添了独特的四季变化与丰富的植物气质。我们从大乔木、小乔木、灌木、地被宿根花卉到草本植物的类型可以梳理出常见多样种类及使用情况（见植物附录），任何一个英国的园林花园空间里都可以看到一个清晰的风景园林植物空间架构，由这些多样化的植物共同构造了如诗如画的英国园林及花园。植物在生长与形式自由的英国自然风景园林中发挥着极其重要的作用，因为在大多的英国园林中除入口、建筑灰空间平台、直线条广场、几何形状模纹园及中轴对称等规则式园林外，园林花园大部分用植物与“哈哈墙”等模糊了花园和自然的界限，一切都发生了融合，于是空间显得更加宜人与迷人。园林中高大的植物群落及大片的缓坡草坪成为英国大多数花园的主体，并巧妙利用地形来引导和阻隔人们的视线，造园师用植物来区隔空间、变化走向，英国的自然式风景园林在全园几乎无明显的轴线，而是利用道路引导与种植形成各类分类的园艺主题植物区域，并能很好地让花园与乡村自然环境衔接、奇妙地融合在一起。大部分的水景湖泊等设计也基本是自然蜿蜒式的曲线驳岸，构成平静的镜面效果，形成光影里的变化，如谢菲尔德公园花园、斯陀园、斯托海德风景园、布伦海姆宫等。

英国自然式风景园林的设计自由灵活、不守定式又蕴含着内涵丰富的造园思想，丰富的几十万种园艺品种植物使园主人与园林师、花园师们更好地图解和诠释他们各自的审美情趣与艺术创作理念，形成今天英国的自然式风景园林在世界的领先地位。在英国植物猎人对植物的狂热追捧中，园艺植物品种成为英国风景园林中的主角，为自然式风景园林

提供了无与伦比的重要材料和四季表现。他们主要表现为高大树木的空间营造、大面积草地的自然延展、混合花卉花境的梦幻与狂野、水生植物增添了湖泊与河流的生态美感。在英国的园林与花园中经常有主题园林花园，如柏树园、杜鹃园、玫瑰园、花境园、水生花园、果园、竹园等，都是园艺植物极大丰富的支撑结果。

5.英国全民热爱花园的传统

从王室贵族、设计师、画家到作家、家庭主妇等等都喜爱园艺生活，花园劳作、花园中下午茶、逛花园成为英国人时尚与气质中的一部分；英国园林有广泛的拥有者与传承者：私人花园主、国民信托基金会、英国皇家园艺学会（RHS）等，这些个人与组织精心打理着一个个花园；英国园林既崇尚自然又追求变化，花园主题鲜明又受贵族世袭、经济发展、设计师、风景画、艺术生活、园艺植物品种等的影响较多。正是这种日积月累的国民传统和发自心底的热爱，才使得英国自然风景园林不断得到推动与发展。

6.园林保护与发展的关系

在英国园林历史长河中，英国园林包括自然式风景园林得到英国皇家园艺学会、风景建筑师协会、英国乡村保护委员会、国民信托基金会等的保护、传承和发展，才有今天的繁荣与引领世界园艺发展的局面。

03 英国自然风景园林重要造园时期、代表人物与事件的回顾

英国的自然风景园林发展各时期涌现了许多优秀的园林与造园代表人物，我们在这里进行归纳并简单论述。

一、18世纪早期——斯维泽（Stephen Switzer）与布里基曼(Charles Bridgeman)的自然式园林开创探索期

斯维泽（1682—1745年）与布里基曼（1690—1738年）被称为英国自然式园林早期的探索与实践者。斯维泽首先开创了自然式风景园林的实践表达，他提出了乡村森林风格，认为园林不一定是造价昂贵的，应顺势而为进行，在他的《乡村园林设计或贵族、绅士和园艺家们的娱乐》中反复强调这一点。反映了他对独特自然风貌的情感、对乡村大地现状的尊重，探究nature（自然、本质）的本意，轻松的乡村式广阔园林成为其追求与实践的方向，其代表案例是霍华德城堡花园。霍华德城堡总体由卡勒尔勋爵主导建设，原先由约翰·范布勒与其导师伦敦设计，建筑是巴洛克式的，园林是规整式的，在伦敦去世后，斯维泽作为伦敦的徒弟接替了他的工作。斯维泽对自然与园林关系的认识与他的导师伦敦不同，他接受同时期田园文学家蒲柏和艾迪生的自然风景造园观念。他对霍华德城堡花园的水系、山坡及林地进行了自然风景化的巧妙处理，用蜿蜒的园林小道联系着城堡、四风圣堂、山毛榉树林、湖泊水系与广阔的自然风景。最终斯维泽设计与改变的霍华德城堡园林被克里斯托弗·赫西称为英国规整园林向自然风景演化的转折期代表，使霍华德城堡园林成了英国自然式风景园林的经典，进而影响到了英国园林由规整向自然的风格转向。

而另一位造园家布里基曼设计与建设的斯陀园园林，是又一个划时代的经典，在约翰·范布勒设计的巴洛克风格基础上做了大胆的改变。以延长的路径、自然的水系、下沉的“哈哈墙”、不同的四季森林来形成自然风景园林空间，其中的蜿蜒水系分割空间与倒影了岸边的树林风景，迂回的道路延长了游赏距离又联系着不同色彩的树林、开阔的草地打开了视野，创造与实践了以隐藏的“哈哈墙”来建立花园与远处的乡村自然的联系，既设置了园林的边界又融合了空间。原本巴洛克园林的规整空间由一眼到头变化为梦幻、迷人、变化无穷的自然风景园，这是英国自然式风景园林的第一个里程碑式作品。布里基曼的成就还包括对海德公园进行了水系的合并，形成自然蜿蜒的改造。

斯维泽与布里基曼在18世纪的早期展现了打开视野与尊重场所的英国自然风景园林先锋造园的探索与实践，是英国自然风景园林早期实践造园的先驱。

二、18世纪早中期——肯特式“新古典自然式园林”成型时期

与斯维泽、布里基曼的探索与开创不同，这是英国自

然风景园林真正成型的第一个阶段（18世纪早中期），肯特（1685—1748年）是这一时期的杰出人物。肯特在1710年去罗马，在意大利学画十年，回来后与田园文学家蒲柏相识，接受蒲柏的不加修饰的自然、亲近简朴的造园观念，另外他从传教士马太奥·里帕那里看到中国承德避暑山庄36幅风景铜版画，从中得到启示形成自身的自然造园观念。他把自然万物视为一座园林，他感觉到了山坡与山谷的对立与交融，在英国自然风景造园艺术中展示从规整美到自然美变化的极致追求，集中体现为一种“自然式园林庄园”风格的成型与完善，营造尊重自然的、浪漫的庄园。他的座右铭就是“自然讨厌直线”。作为画家，他喜欢用绘画的手法来描绘英国的自然式风景，他在园林中强调了自然与艺术、人文的结合，他喜欢让水渠、水池、水面成为自然蜿蜒的形式，并产生透视与光影的画面感。如他对斯陀园水系的蜿蜒打造就是一个划时代的创举，他在自然式园林改造中有雕塑、圣堂等小品穿插其中，对斯陀园的希腊谷地的设计与实践也是如此，最终使斯陀园成为英国自然风景园林里第一个里程碑式作品。所以肯特是英国真正的自然式造园鼻祖，也是万能布朗的老师，在园林设计中强调将园艺、林艺与农业成为庄园式园林实现自然风景化的途径、方法与组成。其园林设计的理念是以城堡或宫殿为中心向自然逐渐过渡与融合的庄园式园林，他在靠近建筑及入口处以修剪的规整绿篱园林、铺地平台、与水景雕塑、模纹花坛为主，类同于意大利台地园林与法国勒诺特尔规整式园林，然后逐渐通过大草坪、大树、花园与远处的自然林地、牧场、乡村等融合，这也使斯陀园、利兹城堡、宝尔势格庄园等成为古典自然式庄园园林的杰出代表。

三、18世纪中期——布朗式 “自然蜿蜒园林”的巅峰期

布朗（1715—1783年）是18世纪中期英国自然风景派的一代宗师，是1740—1780年英国自然风景园林巅峰期的代表人物。他既是肯特的学生又是合作者，他原来是蔬菜园艺家，在设计与改造园林时总是说：这里有很大的可能，于是万能布朗由此得名。他继承肯特开创的自然蜿蜒风格并加以实践成型，他的一个重要的理念就是再现自然的美，对水、对地形、对树林的布置一切按自然的手法加以处理，与肯特的风格有所不同，去除了房屋前的功能平台，由建筑直接连着自然的坡地草坪、公园与自然的林地等。其设计园林的特点如下：房屋前方的草坪坡地、低地中蜿蜒曲折的湖泊、坡上的林地、公园中有圆形的树丛、环绕公园与花园的马车路径等。他对绘画没有兴趣，但把普爽画中的自然景致变成了现实，如1741年担任斯陀园总设计师时在1747年对希腊各地草地与树林的改造，斯陀园希腊谷地的地形与林地等是他自然式画意园林的代表作，在1750年对查兹沃斯（Chatsworth）沼泽地改造成自然风景园，1764年对布伦海姆宫（丘吉尔庄园）改造的湖区与花园成为布朗的巅峰之作，另外对谢菲尔德公园花园的湖区与植物设计以及1764年起担任汉普顿王宫十年的造园师。布朗在40多年的造园生涯中始终贯彻了把庄园自然公园化、牧场化、大地风景化的宗旨，当然他取消了与房屋相连的有文艺复兴园林特征的功能平台是值得商榷的。

布朗的思想还得益于18世纪中叶如画主义在欧洲艺术、美术等领域中的风行，诗词、绘画与自然风景之间的互为鉴赏与应用，布朗的200多个花园作品由此得到了极大的传播与模仿。如1741年从意大利回国的亨利霍尔二世继承了其父亲的斯托海德风景园，就是学习与借鉴了肯特、布朗等自然式风景园林做法，在1744年以普爽的画为蓝本，以合并的湖泊为核心，在周围起伏的地形上进行丰富的色彩植物配置与建筑小品布置，同时通过环湖步道、五拱桥等连接串连起有故事的风景，延长了游园线路，成为这一时期自然式园林的又一巅峰之作。

四、约1794至1880年——吉尔平式如画过渡“自然浪漫园林”时期

这是18世纪后期开始的人类作品向自然作品如画过渡

的百年时期，以吉尔平、钱伯斯、路登、普莱斯、奈特、雷普顿为代表的如画浪漫园林时期。如画理论来源于美学、旅行、自然观的影响，虽然如画园林也是自然式风景园林，但与布朗的观点与造园形式有所不同。他们是田园风景美学的倡导者，包含了不规则、如画、浪漫与自然的要点，将田园风景画的美学融入园林的实践中，以田园风景画的前景、中景、背景为园林空间组织架构，这与布朗的取消房屋前的平台、关注中景公园的简单树丛、蜿蜒的湖泊河流有所区别。他们保留了前景的功能平台，强调以中景公园如画过渡与自然、狂野的背景相连，园林与花园中更强调狂野、多石、多林地的自然田园画面的出现，更加强调连接房屋平台的功能重要性，使得空间更加生活化，强调中景公园连接的景深，实现迷人与浪漫的如画过渡，是前景的整洁与背景狂野之间的过渡。

在钱伯斯1772年《论东方园林》和吉尔平1782年的《如画风格之旅》、1792年的《论如画风格之美》都表露了这一点，这也是他们抨击布朗的地方。其实路登的花园式风格以及普莱斯、奈特、雷普顿的风格也都在强调这种自然与不规则的田园美，特点依旧是从房屋开始的规则平台，如画的公园穿越与过渡，野外的乡村与森林的背景连接，是功能实用与田园美学的如画完美结合。这是一种迭代的自然风景园林风格，实际上是将中世纪、文艺复兴、巴洛克要素与如画浪漫主义要素组合的一种设计，本质上依旧是自然风景如画的风格。总结下如画过渡的自然风景园林特征：前景是文艺复兴或巴洛克的规整平台，中景是如画过渡的自然公园，背景是乡野的生态与狂野，是英国规划理论的根基与源泉，将如画观念如果再扩大一些就是奥姆斯特德的放大版的都市公园规划，如波士顿的绿色翡翠花园项链。

五、1880至1970年——自然风景的工艺美术园林阶段

我称为自然风景园林的工艺美术阶段，也是个性化园艺时代，其中的如画旅行家拉斯金，工艺美术运动的领袖威廉·莫里斯，园艺家威廉·罗宾逊、格特鲁德·杰基尔、路特恩斯等等开创了一个新时代，引领了一种新的园艺让生活更美好的方式。他们是才华横溢的作家、艺术家和乐此不疲的园丁，他们以自然的狂野，不单纯是以经验模仿自然，而是以效仿自然为艺术趋向。他们将英国园林从维多利亚时期华贵炫耀的世界园林植物风格中解放出来，用适应当地环境的乡土植物，特别是多年生草本植物，以更加自然的方式种植，让各种植物相伴而生、自由生长，创造出一种充满了乡间浪漫情调的园林。在工艺美术园林规整与自然的结合中实现了园艺生活的飞速发展。威廉·罗宾逊的《狂野的园林》认为“自然理应狂野”，而克里斯托弗·赫西把格特鲁德·杰基尔称为英国园艺和栽培方面最伟大的艺术家，是因为他把普莱斯、奈特、雷普顿的理念巧妙融合在一起，如奈特在住所旁栽培世界各地植物的花园理念、雷普顿的功能主题花园区块理念、普莱斯的栽培与风景画构图结合的理念。18世纪的英国画家特纳成为杰基尔最欣赏的风景画家，莫森的《造园的工艺美术》（*The Art and Craft of Garden Making*）认为将房屋与整体空间环境应结合起来，以不可察觉的变化融入自然。

工艺美术园林阶段的花境也是值得一提的，首先现代的花境起源于英国，到了工艺美术运动时期花境更加兴盛与流行，并且形式多样，花境成为这一时期花园里点亮空间的重要植物配置形式，一般是沿着林缘、路缘或花园的边界线组合种植的多年生与球宿根园艺植物，植物中有时也会有一些一年生的花卉点缀其中。所以最早的花境是一种纯粹的花卉植物景观，是为了丰富绿地观赏性的一种植物组合， 威廉·罗宾逊和雪莱·哈珀以组丛状布置、以欣赏植物的自然特性为主，呈现出混合花境的自然美倾向。杰基尔以成群种植，开创了一种花园景观优美的全新花境形式 。

工艺美术阶段也是英国造园艺术与个性化园艺学派的确立阶段，威廉·莫里斯、威廉·罗宾逊和格特鲁德·杰基尔

等引领了一种在自家花园中享受设计和园艺的嗜好。于是许多“业余园丁”的园艺爱好在这一时期兴盛起来，虽然没有接受过专门的设计训练，却在实践中培养与锻炼出十分卓著的园林设计方法、植物配置与造园工法技巧。19~20世纪的三类设计师为园艺设计师、建筑设计师、地主设计师，有许多富有的地主设计师们追随这条园艺让生活更美好的道路，如知名的有维塔·萨克维尔-韦斯特（Vita Sackville-West）夫妇的西辛赫斯特城堡花园和梅杰·劳伦斯·约翰斯顿（Major Lawrence Johnston）的希德蔻特庄园花园，内森尼尔·克劳德与妻子的大迪克斯特豪宅，路特恩斯与克里斯托弗也参与了大迪克斯特豪宅的园林设计，设计与实践成为该时期园艺发展的重要推动力，园艺艺术融入生活并使生活更加优雅、人际社会交流更加频繁、园艺品种更加丰富。痴迷园艺、植物猎人、跨界融合的花园主如雨春笋般散落英伦列岛，切尔西花展与汉普顿花展又带动了全民对园林的热爱，实际上是将英国自然风景园林特立独行的园艺美学传播、影响、渗透到千家万户中。工艺美术运动促进了地主打造自身园林的乐趣与愿望，这里既包括设计工作，也包括体力工作。个性化的希德蔻特庄园花园、西辛赫斯特城堡花园和大迪克斯特豪宅等都是留存至今的知名花园案例，对设计师来说才华不可或缺，但可在造园的设计和实践中累积经验、技巧更难能可贵。

04 英国自然风景园林历史与著作大事年表

年份	人物	信息和事件	著作
1390年	美斯特 · 乔 · 加德纳（Mayster Jon Gardener）	出版可能是英国园林的第一本园林书	《园艺行动》*The Feate of Gardening*
1439年	美第奇（Medici）	佛罗伦萨卡莱齐园林里建立的柏拉图学院，可能是世界第一座园林学院	
1540年	安德鲁 · 鲍德（Andrew Boorde）		《住宅建筑指南》（*The Boke for the Lerne aman to be wyse in buylding of his howse*）
1552年	安德烈亚 · 帕拉迪奥（Andrea Palladio）	设计维琴察的卡普拉别墅，是斯托海德园的借鉴	
1568年	托马斯 · 希尔（Thomas Hill），笔名：迪戴莫斯山（Didymus Mountain）	英国第一本园艺书出版	《园丁迷津》（*The Gardener's Labyrinth*）
1597年	约翰 · 杰拉尔德（John Gerard）		《植物志》（*The Herball or General Historie of Plantes*）《草药书，或植物通志》
1605年	Worshipful Company of Gardeners	描绘了中世纪的英国园林的风格与详细的特征	《园艺行动》（*The Feate of Gardening*）
1625年	弗朗西斯 · 培根（Francis Bacon）	提出了园林向自然方向发展的艺术趋向	《随笔集》（*Essays*）中一章节《庭园随想》（*Of Garden*），又名《论花园》
1642年	亨利 · 沃顿（Henry Wotton）	提出一座园林应该是不规则的	《建筑元素》（*The Elements of Architecture*）
1651年	莫莱 · 安多雷摩雷（Andolemore）	欧洲巴洛克园林文化的代表人物	《享乐园林》（*Le Jardin de Plaisir*）——《游园》（*Le Jardin de Plaisir*）即前述（观赏庭园）

（续）

年份	人物	信息和事件	著作
1664年	约翰·伊夫林（Evelyn John）	英国巴洛克园林的代表人物	《森林植物论文集》（*Sylva，or a Discourse od Forest——Tress*）
1667年	约翰·弥尔顿（John Milton）	描述的充满自然情调的场景使其与哲学家培根等成为英国自然风景造园的理论先驱之一	《失乐园》（*Paradies Lost*）
1672年	克劳德·洛兰（Claude Lorrain）	法国画家	《有艾尼阿斯的德罗斯风景》（*Landscape with Aeneas at Delos*）
1685年	威廉·坦普尔（William Temple）	文艺复兴后期的著名田园文学家 比较评论了欧洲的规则式庭园和中国的不规则式庭园	《论伊壁鸠鲁的庭园》（*Ilpon the Garden of Epicurus*）
1690—1738年	查尔斯·布里奇曼（Charles Bridgeman）	英国自然风景园林早期的实践造园的代表人物 为科伯姆勋爵设计——白金汉郡斯陀园 该园四周没有围墙，只用所谓“哈哈墙”围着，从而将美丽的森林原野风光引进庭园	
1699—1712年	约翰·范布勒（John Vanbrugh）	建造霍华德城堡，也参与其园林设计 1724—1728年建造四风神殿 代表作斯陀园、霍华德城堡和布伦海姆宫	
1700—1750年	克里斯托弗·赫西（Christopher Hussey）		《英国园林与景观》（*English Gardens and Landscape*）
1704年	路易斯·莱格（Louis Liger）		《花匠》（*Le Jardinier Florist*）
1706年	弗朗西斯·让蒂尔（Francis Gentil）		《幽居园丁》（*Le Jardinier Solitaire*）
1706年	乔治·伦敦（Lodon George） 和亨利·怀斯（Henry Wise）	英国巴洛克园林文化的代表人物	翻译《卓越花匠》（*Compleat Florist*） 《退隐的园艺师》（*The Retired Gardenenr*） 该书译自让蒂尔的《幽居园丁》
1710年	威廉·肯特（Kent William）	前往意大利罗马学画影响了之后的创作风格 18世纪后半期风景式庭园进入全盛期的先导者，成为布里基曼的后继者 他一定程度上抛弃了规则形式，走向非规则形式 斯陀园水系和希腊谷地的设计与实践都是划时代的创举	
1712年	威廉·坦普尔（William Temple）	不跟随自然的脚步，无法设计出一座优秀的园林	
1712年	艾迪生（Joseph Addison）		《想象的乐趣》（*Pleasures of the imagination*）

（续）

年份	人物	信息和事件	著作
1713年	亚历山大·蒲柏（Alexander Pope）	认为古代人的园林取向是不加修饰的，自然、亲和、简朴，孕育出更尊贵的宁静品质	*The Guardian NO.173*中，发表了《论植物雕刻》的随笔
1713年	沙夫茨伯里（Shaftesbury Anthony Ashley Cooper）	预言了英国向自然式风景造园风格的向往与转变	
1715年	斯维泽（Switzer Stephen）	首先开创了自然式风景园林的实践表达 乔治·伦敦（Lodon George）去世后，作为伦敦的徒弟接替了他的工作 英国自然风景园林早期的实践造园的代表人物	
1718年	斯维泽（Switzer Stephen）		《乡村园林设计或贵族、绅士和园艺家们的娱乐》（*Ichnographia Rustica, or, the Nobleman, Gentleman and Gardener's Recreation*）
1724年	亨利·霍尔一世（Henry Hoare I）	斯托海德园建筑群是亨利·霍尔一世委托建筑师柯伦·坎贝尔为其建造的怡人的帕拉第奥风格的乡村别墅	
1726年	戴尔·约翰（Dyer John）		发表*Gronger Hill*
1726—1729年	尼古拉·霍克斯莫尔（Nicholas Hawksmoor）	建造霍华德城堡东南部	
1728年	瓦尔特·兰利(Walter Langley)	法国风景画家	《关于设计及花坛种植的园艺学新原理》（*The New Principles of Gardening or the Laying Out and Planting Parterres*）
1730年左右	詹姆士·汤姆森(James Thomson)		发表《四季》（*Seasons*）
1730—1800年	提姆·理查森（Tim Richardson）	提出英国园林是英伦列岛上自古以来构建出的最伟大艺术形式，影响了世界园林的发展走向，也是在英国与哥特建筑并立的两大艺术	《阿卡迪亚朋友》（*Arcadian Friends*）
1730—1800年	弗兰克·克拉克（Frank Clark）		《英国景观园林》（*English Landscape Garden*）
1730—1800年	大卫·雅克	新古典主义园林	《乔治亚园林》（*Georgian Gardens*）
1733年	菲利普·米勒（Philip Miller）	弯曲的步道才能带来更多愉悦	《园艺师词典》（*Gardener' s Dictionary*）
1741年	亨利·霍尔二世（Henry Hoare II）	意大利归国 继承了斯托海德 修建斯托海德风景园	

（续）

年份	人物	信息和事件	著作
1744年	亨利·弗立特克劳福特（Henry Flitcroft）	设计斯托海德风景园的花神殿	
1746年	理查德·威尔逊(Richard Wilson)	英国风景画之父 一直创作肖像画的英国画家 首先开始对乡村风景、自然风景产生极大的兴趣，将风景之美体现在其作品里	
1753年	威廉·贺加斯（William Hogarth）		《美的分析》（*Analysis Beauty*）
1755年	达克	庭园诗人的先驱 作品表现了一种绘画般自然的造园思想	发表《希沙野营》（*Caesar' s Camp*）
1764年	朗塞洛特·布朗（Lancelot Brown），被称为万能布朗（Capability Brown）	汉普顿宫皇家园艺师 1764年汉普顿宫皇家园艺师（Royal Gardener），特点圆形树丛、房屋前方的草甸、蜿蜒的湖泊、树木带围拢、环绕的马车路径，成为1740—1780年自然式园林的又一巅峰之作	
1764年	威廉·申斯通（William Shenstone）	园林的三重划分：菜园（kitchen-gardening）、花园（parterre-gardening）和风景园林（landscape gardening） 将庭园美分为壮美（sublime）、优美（beautiful）及阴郁或娴静美（melancholy or pensive）三类	《造园偶感》（*Unconnected Thoughts on Gardening*）
1765年	亨利·弗立特克劳福特（Henry Flitcroft）	设计斯托海德园的罗马万神殿	
1767年	乔治·梅森（George Mason）		《庭园设计论》（*Essay on Design in Gardening*）
1770年前	托马斯·华特利（Thomas Whately）	对布朗自然观念的称颂 约翰·克劳迪斯·路登称之为英国园林方面极为重要的标杆著作	《对现代园林的观察》（*Observations Moden Gardening*）
1770年	霍勒斯·沃波尔（Horace Walpole）	对布朗自然观念的称颂	《论现代园林品位史》（*On the History of Modern Taste in Gardening*）
1770年	威廉·乔治·霍斯金斯(William George Hoskins)		《打造英国景观》（*Making of English Landscape*）
1772年	威廉·吉尔平牧师(Reverend William Gilpin)	英国画家、田园风景文学、美学家 如画理论 “自然是上帝伟大的书：每页都写着对读者的指导”	
1772年	威廉·钱伯斯（William Chambers）		《东方庭园论》（*Dissertation on Oriental Gardening*）

（续）

年份	人物	信息和事件	著作
1782年	威廉·吉尔平牧师(Reverend William Gilpin)		《如画风格之旅》（*Picturesque Tours*）
1792年	威廉·吉尔平牧师(Reverend William Gilpin)		《论如画风格之美》（*On Picturesque Beauty*）
1793年	理查德·佩恩·奈特（Richard Payne Knight）	自然风景园林派	说理诗《风景》
1794年	尤维达尔·普莱斯（Uvedale Price）	《论如画风格》中倡导在房屋附近打造一片狂野的、崎岖的古色古香式区域 认为“自然景观”是与布朗等打造的人工景观相对立的存在	
1795年	亨弗利·雷普顿（Repton，Humphry）	复古园林设计中最具影响的倡导者 英国著名的园艺师	《造园绘画入门》（*Sketches and Hints on Landscape Gardening*）
1795年	詹姆斯·布朗（James Brown）	皇家苏格兰森林协会(Royal Scottish Forestry Society)首任会长 最初受过造园师的训练，后来写出了19世纪最成功的森林书籍 曾工作于爱丁堡城外的阿尼斯顿庄园	《林人：关于林木种植、培育和基本管护的实用书籍》（*The Forester a Practical Treatise in the Planting,Rearing and General Management of Forest-Trees*）
1802年	约翰·克劳迪斯·路登（John Claudius Loudon）	约翰·克劳迪斯·路登批评朗塞洛特·布朗称其作品一切都让位给整洁、齐平的统一体系，一片片树丛，营造出最令人厌倦的千篇一律，搭配着最令人作呕的规整，永别了自然之美	
1803年	约翰·克劳迪斯·路登（John Claudius Loudon）		《造园的理论与实践》（*The Theory and Practice of Landscape Gardening*）
1813年	约瑟夫·帕克斯顿（Joseph Paxton）	曾在查茨沃斯与杰弗里·威雅特维尔（*Jeffry Wyatville*）一起工作，打造了一处将住房与布朗式公园隔开的意式园林 创办了一份园艺季刊	
1822年	约翰·克劳迪斯·路登（John Claudius Loudon）	在发表的《园林百科全书》中定义了“可变形花园”	《园林百科全书》（*Encyclopaedia of Gardening*）
1822年	约翰·克劳迪斯·路登（John Claudius Loudon）	有人存在一种错误认知，认为约翰·克劳迪斯·路登发明了混搭风格，而阿尔顿塔庄园是现存的展现其品位的最佳案例 造成这一认知的原因是阿尔顿塔庄园出现在了在路登编辑的杂志《园艺师杂志》上	《园艺师杂志》（*Gardener' s Magazine*）
1822年	约瑟夫·帕克斯顿（Joseph Paxton）	著名的园丁、作家和建筑工程师 热心于意式风格 是最完整承袭约翰·克劳迪斯·路登衣钵的一位设计师 19岁时设计第一个湖泊	

（续）

年份	人物	信息和事件	著作
1823年	夸特梅尔・德昆西（Quatremere de Quincy）	发表的文章引发了对“不规则景观园林系统”的攻击	《纯艺术中的自然、目的及效仿手段》
1826年	约翰・克劳迪斯・路登（John Claudius Loudon）		《园林杂志》（*Gardener' s Magazine*）
1826年	约瑟夫・帕克斯顿（Joseph Paxton）	查特斯沃思庄园的德文郡公爵(Duke of Devonshire)任命其为首席造园师	
1828年	吉尔伯特・莱英米森（Gilbert Leinmison）	提出在建筑和景观之间营造出视觉和谐，在室内和室外及人与自然之间反映出更深层的和谐 认为有必要将建筑与景观关联起来	《论意大利大画家的景观建筑》（*On the Landscape Architecture of the Great Painters of Ital*） 《景观建筑》（*Landscape Architecture*）
1832年	威廉・吉尔平牧师(Reverend William Gilpin)	森林美学家 “提取出田园美的规则”	《造园施工法》（*Practical Hints upon Landscape Gardening*）
1837—1838年	约翰・拉斯金（John Ruskin）	探讨了科莫湖(Lake Como)的湖边别墅	《建筑诗学》
1840年	约翰・拉斯金（John Ruskin）， 笔名加塔・普辛(Kata Phusin)	如画式的旅行家 素描艺术对于如画式旅行者的重要性，就像写作艺术对于文人一样。对于确立和传达他们各自的理念，是同等必要的	协助约翰·克劳迪斯·路登完成《已故的亨弗利·雷普顿阁下的景观园林和景观建筑》（*The Landscape Gardening and Landscape Architecture of the Late Humphry Repton Esq*） 《建筑七灯》（*Seven LampsofArchitecture*）
1843年	芬妮・伯尔尼(Fanny Burney)		《园丁与实务花匠》（*Gardener and Practical Florist*）
1850年	爱德华・坎普（Edward Kemp）	推出了关于园林设计的成功书籍，其中涵盖了一系列自己打造的雷普顿式设计。他倡导“混搭风格，并从规整和如画风方面吸取了少许养分”	
1851—1853年	约翰・拉斯金（John Ruskin）		《威尼斯之石》（*Stones of Venice*）
1851年	欧文・琼斯(Owen Jones)	在万国博览会期间曾是帕克斯顿的主管	
1856年	欧文・琼斯(Owen Jones)		《装饰语法》（*Grammar of Ornament*）
1859年	威廉・莫里斯（William Morris）	工艺美术运动的领袖 聘请了菲利普・韦伯来设计其位于博克斯雷希斯(Bexleyheath)的红房子	
1861年	阿尔伯特王子（Prince Albert）	曾以皇家园艺协会主席的名义表示，有必要“将园艺的科学和艺术，与建筑、雕塑和绘画等姐妹艺术统和起来”	

（续）

年份	人物	信息和事件	著作
1865年	弗雷德里克·劳·奥姆斯特德（Frederick LawOlmsted）	现代世界的景观建筑专业之父 首先在公共工程(纽约中央公园)中使用了“景观建筑”一词	世界上首份关于国家公园管理的报道
1867年	约翰·吉布森(John Gibson)	把更坚韧的，更耐严酷气候的观叶植物部署到了巴特西公园(Battersea Park)中，深受欢迎，但成本高昂	
1867年	丁托列托(Tintoretto)	“蔓生的荆棘和野草”	《十字架》（*Crucifixion*）
1867年	威廉·罗宾森 (William Robinson)	自然风景的工艺美术园林阶段 1861年，23岁的罗宾森从爱尔兰搬到了伦敦，成为一名园艺记者和园林作家 首份工作是在沃特福德侯爵(Marquess of Waterford)的科瑞莫尔(Curraghmore)庄园中担任园丁学童	《园艺师纪事》（*Gardener' s Chronicle*）
1868年	拜伦和巴尔沃·利顿（Bulwer Lytton）两人都使用了“世界园林”的说法，其中封存着19世纪园林历史主义的精神	来自整个世界和人类历史的植物和设计风格被聚拢起来，打造出了“世界园林”的变奏与场景	《造园师和园艺师月刊》（*The Gardener's Monthly and Horticulturist*）
1868年	威廉·安德鲁·奈斯特菲尔德	首位将“景观建筑师”作为职业头衔的人 设计了白金汉宫一座花园	
1868年	威廉·罗宾森 (William Robinson)	出版了关于巴黎园林和公园的书	
1868年	威廉·罗宾森 (William Robinson)	采用耐寒植物的效果会更好	《法国园林拾零》（*Gleanings from French Gardens*）
1870年	威廉·罗宾森 (William Robinson)	以铜版画展现了如画风格乡舍周围的植物 将约翰·克劳迪斯·路登（John Claudius Loudon）视为前辈 在自己创办的杂志上用了一系列文章向路登致敬	《狂野的园林》（*The Wild Garden*） 《英国花卉园》（*The English Flower Garden*） 创办杂志《园林》（*The Garden*）
1871年	威廉·罗宾森 (William Robinson)	成为自然主义栽培的强势领导者和花坛设施的坚决反对者	《耐寒不花卉》（*HardyFlowers*）
1872年	阿尔伯特王子（Prince Albert）	因伤寒过世，维多利亚女王为纪念他而竖立的纪念碑呈现出现代主义者所痛恨的样貌。纪念碑落成于1872年	

（续）

年份	人物	信息和事件	著作
1890年	格特鲁德·杰基尔（Gertrude Jekyll）与埃德温·路特恩斯((Edwin Lutyens)	在蒙斯戴德庄园项目中两人密切合作，对当时的园林设计有着重要影响 他们达成的品质可与16世纪的意大利园林及17世纪的法国园林相提并论	
1890年	国民自然信托基金会（National Trust）	买下地产并命名为“鸽居(Dove Cottage)”，这一名称是国民自然信托的一次浪漫主义俯冲	
1890年左右	托马斯·莫森（Thomas · Mawson）	应将“不规整”的栽培设计与“规整”设计部分整合起来 是这一时期最多产的园林设计师，也是第一位在书名中纳入园林与工艺美术运动的设计师	《造园的工艺美术》（*The Art and Craft of Garden Making*）
1891年	约翰·丹多·塞丁（John Dando Sedding）	曾和威廉·莫里斯在乔治·埃德蒙德·斯特里特（G.E. Street）的事务所一同工作	《园林工艺，新与旧》（*Garden-Craft Old and New*）
1892年	威廉·莫里斯（William Morris）	成为“艺术工作者联盟”（Art Worker's Guild）领袖人物	
1899年	格特鲁德·杰基尔（Gertrude Jekyll）	设计了西斯特克姆（Hester-combe）和许多其他花园 20世纪初最负盛名的英国女园艺师、园林设计师 在19、20世纪之交，成了英国园林设计复兴中一股强大的影响力 在肯辛顿艺术学校(Kensington School of Art)学习绘画，并开始仰慕拉斯金，后来两人成了朋友	《树木和园林》（*Wood and Garden*） 《墙壁和水景花园》（*Wall and Water Gardens*） 《花卉园的色彩机制》（*Colour Schemes for the Flower Garden*）
1900年	高迪（Gaudi）	设计古埃尔公园，在巴塞罗那的古埃尔公园展示新艺术风格（当时英国称“现代风格”）适于公园和园林的布局	
1910年	弗兰克·劳埃德·赖特(Frank Lloyd Wright）	设计芝加哥罗比住宅，显示出现代结构的线条也能延伸至户外空间设计上	
1916年	托马斯·莫森（Thomas · Mawson）	嘲笑了“新艺术热潮”，就“这一过度热心的流派所打造的荒唐装饰和夸张设计”给出了告诫	
1916年	维塔·萨克维尔·韦斯特(Vita Sackville- West)和梅杰·劳伦斯·约翰斯顿(Major Lawrence Johnston)	建造西辛赫斯特城堡园林	
1916年	乔治·希特维尔(George Sitwell)	在德比郡的雷尼绍（Renishaw）和意大利的蒙特古芳（Montegufoni）打造了两座工艺美术视野下的意大利式园林	

（续）

年份	人物	信息和事件	著作
1916年	内森尼尔・劳埃德（Nathanial Lloyd）	和妻子建造花园，得到埃德温・路特恩斯(Edwin Lutyens)和克里斯托弗・劳埃德（Christopher Lloyd）的协助，建造大迪克斯特豪宅	
1924年	弗兰克・克里斯普	描绘了中世纪的英国园林的风格与详细的特征	《中世纪园林》
1927年	杰弗里・杰利科(Geoffrey Jellicoe)和乔克・谢福德(Jock Shepherd)	“抽象设计的根基，如银线一般贯穿于历史之中，是不分种族不分时代的”	《文艺复兴时期的意大利园林》（*Italian Garden of the Renaissance*） 《园林与设计》（*Gardens and Design*）
1930年	克里斯托弗・赫西（Christopher Hussey）		《如画风格》（*The Picturesque*）
1931—1932年	杰弗里・杰利科(Geoffrey Jellicoe)	设计是古典式的，讨论是分析性的 景观建筑师协会(ILA)主席 建筑学协会校长	《建筑杂志》（*Architects' Journal*）
1932年	The Studio(工作室)	标题页中印着一幅谢福德和杰利科设计的园林画面，透着明显的现代风味	《园林年鉴》（*Garden Annual*）
1933年	杰弗里・杰利科(Geoffrey Jellicoe)和拉塞尔・佩奇(Russell Page)	受雇于罗纳尔德・特里（Ronald Tree），为其在迪奇雷公园内设计一座意大利式园林，迪奇雷公园是英国最后一处设计成意大利样式的重要园林	
1933年	拉塞尔・佩奇(Russell Page)	在自传中回顾了1900—1930年间的英国园林，并批判了它们的设计策略，他表示，“一箩筐的风格跟真实风格毫不相干”	
1933年	杰弗里・杰利科(Geoffrey Jellicoe)和拉塞尔・佩奇(Russell Page)	完成了位于切达峡谷（Cheddar Gorge）穴居餐馆的设计工作，被视作现代建筑案例	
1934年	雷吉纳德・布卢姆菲尔德(1919年授爵)	“我们的年轻世代，完全在我们的建筑学校里接受教育，却以为自己正带来一个新的建筑时代”	
1935年	克里斯托弗・图纳德(ChristopherTunard)	发表了关于日本园林的文章	《景观与园林》（*Landscape and Garden*）
1938年	克里斯托弗・图纳德(ChristopherTunard)	为《建筑评论》写了一系列备受关注的文章	《现代景观中的园林》（*Gardens in the Modern Landscape*）
1938年	“一位MARS成员”克里斯托弗・图纳德可能是文章的作者	高大的建筑、平面的屋顶、钢筋混凝土和对乡村的重新规划”对于“改良社会状况是必要的”，那么“MARS将毫不犹豫地倡导这一切”	《景观与园林》（*Landscape and Garden*）

（续）

年份	人物	信息和事件	著作
1953年	彼得·谢菲尔德(Peter Shepheard)	要寻找受现代艺术影响的私家园林案例，仍要将视野投向国外 景观建筑师协会(ILA)主席 建筑学协会校长	《现代园林》
1958年	西尔维娅·克劳（Sylvia Crowe）	探讨了“当代园林”，即“20世纪上半叶开始在北部欧洲出现的一种风格”	《园林设计》（*Garden Design*）
1958年	查尔斯·詹克思（Charles Jencks）	第一个将后现代主义引入设计领域的美国建筑评论家 现代主义已经失败，它未能与建筑师以外的民众建立起沟通	《后现代建筑语言》（*The Language of Post-Modern Architecture*）
1958年	玛德琳·阿加尔(Madeline Agar)	帮助培养出了两位景观建筑师协会(ILA)的主席(布伦达·科尔文和西尔维娅·克劳 提出了一个或许到2111年仍受到普遍尊重的观点：设计必须呼应“场地的自然风貌”	《理论与实践中的园林设计》（*Garden Design in Theory and Practice*）
1958年	庞乌克勒·穆斯考（Piuchler Muscau）	德国风景式造园大师 解决了布朗派造园的过分粗糙的问题	《造园指针》（*Uudeutugen iiber Landschaftsgartnerei*）
2011年		对于可持续性议题，一种基础广泛的反应已经达成。处理手法可分为两大类:低科技可持续(LTS)、高科技可持续(HTS)。LTS手法借鉴了环保志愿者和乡村园艺师的美学	
2011年		现代主义原则中，我们希望可以留存下来的是那句“功能应决定形式”。这句话在20世纪园林中并未结出什么果实，园林变成了装饰附件，欠缺应发挥决定作用的功能	《可持续园林风格》（*The Sustainable Garden Style*）

05 英国园林常用植物名录

（续）

乔木	
希腊冷杉	*Abies cephalonica*（Greekfir）
雪松	*Cedrus deodara* (Roxb. ex D. Don) G. Don
日本扁柏	*Chamaecyparis obtusa* (Siebold et Zuccarini) Enelicher
大果柏木	*Cupressus macrocarpa* Hartw.
欧洲刺柏	*Juniperus communis* L.
‘黄金’间型圆柏	*Juniperus* × *pfitzeriana* ‘Aurea’
高山柏	*Juniperus squamata* Buchanan-Hamilton ex D. Don
冷杉	*Abies fabri* (Mast.) Craib
波斯尼亚松	*Pinus heldreichii* Christ
欧洲山松	*Pinus mugo*，Pinus mugoTurra.
欧洲赤松	*Pinus sylvestris* L.
侧柏	*Platycladus orientalis* (L.) Franco
欧洲红豆杉	*Taxus baccata* L.
东北红豆杉	*Taxus cuspidata* Sieb. et Zucc.
北美乔柏	*Thuja plicata* Donn ex D. Don
加拿大铁杉	*Tsuga canadensis* (L.) Carri è re
羽扇槭	*Acer japonicum* Thunb.
拉马克唐棣	*Amelanchier lamarckii* F.G.Schroed.
加拿大紫荆	*Cercis canadensis* L.
灯台树	*Cornus controversa* Hemsley
山楂	*Crataegus pinnatifida* Bge.
无花果树	*Ficus carica* L.
海棠花	*Malus spectabilis* (Ait.) Borkh.
油橄榄	*Canarium oleosum* (Lam.) Engl.
枇杷	*Eriobotrya japonica* (Thunb.) Lindl.

乔木	
桂花	*Osmanthus fragrans* (Thunb.) Loureiro
山茶	*Camellia japonica* L.
菊枝垂樱	*Cerasus jamasakura* ‘Plena-pendula’
柳叶梨	*Pyrus salicifolia* L.f.
刺槐	*Robinia pseudoacacia* L.
黄花柳	*Salix caprea* L.
黄楸树	*Sassafras tzumu* (Hemsl.) Hemsl.
血皮槭	*Acer griseum* (Franch.) Pax
宾州槭	*Acer pensylvanicum*（Snake-bark maple）
荔莓	*Arbutus unedo*
糙皮桦	*Betula utilis* D. Don
日本四照花	*Cornus kousa* F. Buerger ex Hance
疏花桉	*Eucalyptus depauperata* L.A.S.Johnson & K.D.Hill
紫海棠	*Malus × purpurea*(E.Barbier) Rehder
日本海棠	*Chaenomeles japonica* (Thunb.) Lindl. ex Spach
细齿樱桃	*Prunus serrula* (Franch.) Y ü et Li
火炬树	Rhus typhina *L.*
红叶花楸	*Sorbus discolor* (Maxim.) Maxim.
紫茎	*Stewartia sinensis* Rehd. et Wils
星花木兰	*Yulania stellata* (Maximowicz) N. H. Xia
鸡爪槭	*Acer palmatum* Thunb.
老鸹铃	*Styrax hemsleyanus* Diels
银荆树	*Acacia dealbata* Link
虎克百合木	*Crinodendron hookerianum* Gay
神农箭竹	*Fargesia murielae* (Gamble) Yi

（续）

乔木	
紫竹	*Phyllostachys nigra* (Lodd.) Munro
寒竹	*Chimonobambusa marmorea* (Mitf.) Makino
华西箭竹	*Fargesia nitida* (Mitford) Keng f. ex Yi
曲竿竹	*Phyllostachys flexuosa* A. et C. Riviere
矢竹	*Pseudosasa japonica* (Sieb. et Zucc.) Makino
业平竹	*Semiarundinaria fastuosa* (Mitford) Makino

灌木	
楤木	*Aralia elata* (Miq.) Seem.
锦熟黄杨	*Buxus sempervirens* L.
欧洲矮棕	*Chamaerops humilis* L.
红心朱蕉	*Cordylineterminalis* Kunth.var.nigro-rubra
匍伏栋木	*Cornus stolonifera* Michx.
塔斯马尼亚蚌壳	*Dicksonia antarctica* Labill.
大羽鳞毛蕨	*Dryopteris wallichiana* (Spreng.) Hylander
巴纳特蓝刺头	*Echinops bannaticus*,blue globe-thistle
大戟	*Euphorbia pekinensis* Rupr.
芭蕉	*Musa basjoo* Sieb. et Zucc.
生根狗脊蕨	*Woodwardia radicans*(Chainfern)
丝兰	*Yucca flaccida* Haw.
白花连翘	*Abeliophyllum distichum* Nakai
豪猪刺	*Berberis julianae* Schneid.
八角金盘	*Fatsia japonica* (Thunb.) Decne. et Planch.
木瓜	*Pseudocydonia sinensis* (Thouin) C. K. Schneid.
蜡瓣花	*Corylopsis sinensis* Hemsl.
锦鸡儿	*Caragana sinica* (Buc'hoz) Rehd.
欧洲瑞香	*Daphne cneorum*
欧石南	*Erica carnea* L.
白鹃梅	*Exochorda racemosa*(Lindl.) Rehd.
北美瓶刷树	*Fothergilla major* Sims
猬实	*Kolkwitzia amabilis* Graebn.
大花黄牡丹	*Paeonia ludlowii* D.Y.Hong
山梅花	*Philadelphus incanus* Koehne
桂樱	*Prunus laurocerasus* L.
紫叶矮樱	*Prunus* × *cistena*
杜鹃	*Rhododendron simsii* Planch.

（续）

灌木	
绣线菊	*Spiraea salicifolia* L.
蓝丁香	*Syringa meyeri* Schneid.
蝴蝶戏珠花	*Viburnum plicatum* f. tomentosum (Miq.) Rehder
紫叶锦带花	*Weigela florida* 'Purpurea'
醉鱼草	*Buddleja lindleyana* Fort.
兰香草	*Caryopteris incana* (Thunb. ex Hout.) Miq.
美洲茶	*Ceanothus americanus* L.
岷江蓝雪花	*Ceratostigma willmottianum* Stapf
墨西哥橘	*Choisya ternata* Kunth
银灰旋花	*Convolvulus ammannii* Desr.
溲疏	*Deutzia scabra* Thunb.
拟长阶花	*Parahebe catarractae*
半日花	*Helianthemum songaricum* Schrenk
木槿	*Hibiscus syriacus* L.
金丝桃	*Hypericum monogynum* L.
法国薰衣草	*Lavandula stoechas* L.
银香梅	*Myrtus communis* Linn.
南天竹	*Nandina domestica* Thunb.
滇牡丹	*Paeonia delavayi* Franch.
非洲女王避日花	*Scrophulariaceae Phygelius* × rectus 'African Queen'
金露梅	*Dasiphora fruticosa* (L.) Rydb.
华西蔷薇	*Rosa moyesii* Hemsl.
蔷薇	*Rosa multiflora* Thunb.
西洋接木骨	*Sambucus nigra* L.
粉花绣线菊	*Spiraea japonica* L. f.
紫珠	*Callicarpa bodinieri* Levl.
帚石楠	*Calluna vulgaris* Salisb.
海州常山	*Clerodendrum trichotomum* Thunb.
欧黄栌	*Cotinus coggygria* Scop.
长柄双木花	*Disanthus cercidifolius* subsp. longipes (H. T. Chang) K. Y. Pan
卫矛	*Euonymus alatus* (Thunb.) Sieb.
栎叶绣球	*Hydrangea quercifolia* W. Bartram
冬青叶鼠刺	*Itea ilicifolia* Oliver
红果接骨木	*Sambucus racemosa*
铺地花楸	*Sorbus reducta* Diels
荚莲	*Viburnum dilatatum* Thunb.

（续）

灌木	
西伯利亚红瑞木	*Cornus alba* 'Sibirica'
欧洲山茱萸	*Cornus mas* L.
欧榛	*Corylus avellana* L.
栒子	*Cotoneaster hissaricus* Pojark.
毛花瑞香	*Eriosolena composita* (L. f.) Van Tiegh.
金边胡颓子	*Elaeagnus pungens* 'Aurea'
间型金缕梅	*Hamamelis* × *intermedia* Rehder
迎春花	*Jasminum nudiflorum* Lindl.
十大功劳	*Mahonia fortunei* (Lindl.) Fedde
戟柳	*Salix hastata* L.
双蕊野扇花	*Sarcococca hookeriana* var. digyna Franch.
日本茵陈	*Artemisia capillaris* Thunb.
荚蒾	*Viburnum dilatatum* Thunb.
大花六道木	*Abelia* × *grandiflora* (André) Rehd.
贴梗海棠	*Chaenomeles speciosa* (Sweet) Nakai
火棘	*Pyracantha fortuneana* (Maxim.) Li
皱叶醉鱼草	*Buddleja crispa* Benth.
丝缨花	*Garrya elliptica*
矮探春	*Jasminum humile* L.
中国旌节花	*Stachyurus chinensis* Franch.
金边瑞香	*Daphne odora* 'Aureomarginata'
冬青叶鼠刺	*Itea ilicifolia* Oliver

一二年生植物	
金鱼草	*Antirrhinum majus* L.
金盏菊	*Calendula officinalis* L.
波斯菊	*Cosmos bipinnatus* Cavanilles
洋地黄	*Digitalis purpurea* L.
百日菊	*Zinnia elegans* Jacq.
蓝菊	*Felicia amelloides* (L.) Voss
马缨丹	*Lantana camara* L.
龙面花	*Nemesia strumosa* Benth.
花烟草	*Nicotiana alata* Link et Otto
南非万寿菊	*Osteospermum ecklonis* (DC.) Norl.
三色堇	*Viola tricolor* L.
黑种草	*Nigella damascena* L.
羽扇豆	*Lupinus micranthus* Guss.
报春花	*Primula malacoides* Franch.

多年生植物	
百子莲	*Agapanthus africanus* Hoffmgg.
藿香蓟	*Ageratum conyzoides* L.
木茼蒿	*Argyranthemum frutescens* (L.) Sch.-Bip
鹅河菊	*Brachyscome iberidifolia* Benth.
碧冬茄	*Petunia* × *hybrida*
石竹	*Dianthus chinensis* L.
倒挂金钟	*Fuchsia hybrida* Hort. ex Sieb. et Voss.
勋章菊	*Gazania rigens*
天竺葵	*Pelargonium hortorum* Bailey
苘麻	*Abutilon theophrasti* Medicus
旱金莲	*Tropaeolum majus* L.
美女樱	*Glandularia* × *hybrida* (Groenland & Rümpler) G.L.Nesom & Pruski
银莲花	*Anemone cathayensis* Kitag.
克美莲	*Camassia esculenta* (Nutt.) Lindl.
铃兰	*Convallaria majalis* L.
仙客来	*Cyclamen persicum* Mill.
猪牙花	*Erythronium japonicum* Decne.
贝母	*Sauromatum diversifolium* (Wallich ex Schott) Cusimano & Hetterscheid
雪莲花	*Saussurea involucrata* (Kar. et Kir.) Sch.-Bip.
鸢尾	*Iris tectorum* Maxim.
夏雪片莲	*Leucojum aestivum* L.
葡萄风信子	*Muscari botryoides*
黄水仙	*Narcissus pseudonarcissus* L.
绵枣儿	*Barnardia japonica* (Thunberg) Schultes & J. H. Schultes
春色郁金香	*Tulipa* 'Beauty of Spring'
六出花	*Alstroemeria hybrida*
美人蕉	*Canna indica* L.
秋水仙	*Colchicum autumnale* L.
文殊兰	*Crinum asiaticum* var. sinicum (Roxb.ex Herb.) Baker
雄黄兰	*Crocosmia* × *crocosmiiflora* (Lemoine) N.E.Br.
大丽花	*Dahlia pinnata* Cav.
大花耧斗菜	*Aquilegia glandulosa* Fisch. ex Link.
皇冠贝母	*Fritillaria imperialis* L.
唐菖蒲	*Gladiolus gandavensis* Van Houtte

（续）

多年生植物	
岷江百合	*Lilium regale* Wilson
鲍登纳丽花	*Nerine bowdenii* W.Watson
耧斗菜	*Aquilegia viridiflora* Pall.
岩白菜	*Bergenia purpurascens* (Hook. f. et Thoms.) Engl.
大花洋地黄	*Digitalis grandiflora* Mill.
大戟	*Euphorbia pekinensis* Rupr.
灰背老鹳草	*Geranium wlassovianum* Fischer ex Link
紫萼路边青	*Geum rivale* L.
铁筷子	*Helleborus thibetanus* Franch.
西伯利亚鸢尾	*Iris sibirica* L.
荷包牡丹	*Lamprocapnos spectabilis* (L.) Fukuhara
舞鹤草	*Maianthemum bifolium* (L.) F. W. Schmidt
芍药	*Paeonia lactiflora* Pall.
黄精	*Polygonatum sibiricum* Delar. ex Redoute
肺草	*Pulmonaria angustifolia* L.
白头翁	*Pulsatilla chinensis* (Bunge) Regel
鳞托菊	*Rhodanthe manglesii* Lindl.
聚合草	*Symphytum officinale* L.
短舌匹菊	*Pyrethrum parthenium* (L.) Sm.
唐松草	*Thalictrum aquilegiifolium* var. sibiricum Linnaeus
金莲花	*Trollius chinensis* Bunge
刺老鼠簕	*Acanthus spinosus* L.
蓍草	*Achillea wilsoniana* Heimerl ex Hand.-Mazz.
翠雀花	*Delphinium grandiflorum* L.
石竹	*Dianthus chinensis* L.
蓝刺头	*Echinops sphaerocephalus* L.
松果菊	*Echinacea purpurea*
刺芹	*Eryngium foetidum* L.
老鹳草	*Geranium wilfordii* Maxim.
堆心菊	*Helenium autumnale* L.
萱草	*Hemerocallis fulva* (L.) L.
火炬花	*Kniphofia uvaria* (L.) Oken
美国薄荷	*Monarda didyma* L.
绣球	*Hydrangea macrophylla* (Thunb.) Ser.
钓钟柳	*Penstemon campanulatus* (Cav.) Willd.
‘蓝塔’分药花	*Perovskia atriplicifolia* ‘Blue Spire’
鼠尾草	*Salvia japonica* Thunb.

（续）

多年生植物	
毛蕊花	*Verbascum thapsus* L.
柳叶马鞭草	*Verbena bonariensis* L.
三脉香青	*Anaphalis triplinervis* (Sims) C. B. Clarke
西班牙菜蓟	*Cyhara cardunculus*.
蓝灰石竹	*Dianthus gratianopolitanus* Vill.
硕大刺芹	*Eryngium giganteum* M.Bieb.
肾形草	*Heuchera micrantha* Douglas ex Lindl.
红籽鸢尾	*Iris foetidissima*
阔叶山麦冬	*Liriope muscari* (Decaisne) L. H. Bailey
沿阶草	*Ophiopogon bodinieri* Levl.
糙苏	*Phlomoides umbrosa* (Turcz.) Kamelin & Makhm.
长春花	*Catharanthus roseus* (L.) G. Don
如意草	*Viola arcuata* Blume
落新妇	*Astilbe chinensis* (Maxim.) Franch. et Savat.
霞红灯台报春花	*Primula beesiana* Forr.
紫雀花	*Parochetus communis* Buch.-Ham ex D. Don Prodr.
垂管花	*Vestia foetida* Hoffmanns.
法兰绒花	*Actinotus helianthi* Labill.
羽叶鬼灯檠	*Rodgersia pinnata* Franch.

观赏草	
芦竹	*Arundo donax* L.
‘乳白穗’银芦	*Cortaderia selloana* ‘Sunningdale Silver’
芒	*Miscanthus sinensis* Anderss.
大凌风草	*Briza maxima* L.
拂子茅	*Calamagrostis epigeios* (L.) Roth
薹草	*Carex* spp.
金叶薹草	*Carex* ‘Evergold’
蒲苇	*Cortaderia selloana* (Schult.) Aschers. et Graebn.
蓝羊茅	*Festuca glauca* Vill.
白茅	*Imperata cylindrica* (L.) Beauv.
兔尾草	*Lagurus ovatus* L.
狼尾草	*Pennisetum alopecuroides* (L.) Spreng.
针茅	*Stipa capillata* L.
细叶芒	*Miscanthus sinensis* 'Gracillimus'

岩生植物	
岩荠叶风铃草	*Campanula coch-leariifolia*（C.pusilla）(Fairy thi-mbles)
旋花	*Calystegia sepium* (L.) R. Br.
双距花	*Diascia barberae* Hook.f.
飞蓬	*Erigeron acris* L.
狐地黄	*Erinus alpinus* L.
糖芥	*Erysimum amurense* Kitagawa
春龙胆	*Gentiana verna* Linnaeus
亚平宁半日花	*Helianthemum apenninum* (L.) Mill.
福禄考	*Phlox drummondii* Hook.
岩生肥皂草	*Saponaria ocymoides* L.
虎耳草	*Saxifraga stolonifera* Curt.

水生和池沼植物	
花蔺	*Butomus umbellatus* L.
驴蹄草	*Caltha palustris* L.
旱伞草	*Darmera peltata* (Torr. ex Benth.) Voss
沼生大戟	*Euphorbia palustris* L.
蚊子草	*Filipendula palmata* (Pall.) Maxim.
‘花叶’大甜茅	*Glyceria maxima* ‘Variegata’（G. aquatica ‘Variegata’）
西伯利亚鸢尾	*Iris sibirica* L.
橐吾	*Ligularia sibirica* (L.)Cass.
勿忘草	*Myosotis alpestris* F. W. Schmidt
睡莲	*Nymphaea tetragona* Georgi
梭鱼草	*Pontederia cordata* L.
千屈菜	*Lythrum salicaria* L.
圆叶茅膏菜	*Drosera rotundifolia* L.
小香蒲	*Typha minima* Funk
马蹄莲	*Zantedeschia aethiopica* (L.) Spreng.

芬芳植物	
迷迭香	*Rosmarinus officinalis* L.
百里香	*Thymus mongolicus* Ronn.
伯氏瑞香	*Daphne x burkwoodii*
糖芥	*Erysimum amurense* Kitagawa
金缕梅	*Hamamelis mollis* Oliver
素方花	*Jasminum officinale* L.

（续）

芬芳植物	
薰衣草	*Lavandula angustifolia* Mill.
百合	*Lilium brownii* var. viridulum Baker
圆盾状忍冬	*Lonicera periclymenum*
香蜂花	*Melissa officinalis* L.
山梅花	*Philadelphus incanus* Koehne
双蕊野扇花	*Sarcococca hookeriana* var. digyna Franch.
欧丁香	*Syringa vulgaris* L.

攀缘植物	
瓜叶乌头	*Aconitum hemsleyanum* Pritz.
苦苣苔	*Conandron ramondioides* Sieb. et Zucc.
南蛇藤	*Celastrus orbiculatus* Thunb.
绣球藤	*Clematis montana* Buch.-Ham. ex DC.
新疆党参	*Codonopsis clematidea* (Schrenk) C. B. Cl.
鸡蛋参	*Incarvillea mairei* (L é vl.) Grierson
鸡矢藤	*Paederia foetida* L.
商陆	*Phytolacca acinosa* Roxb.
连翘	*Forsythia suspensa* (Thunb.) Vahl
阿尔及利亚常春藤	*Hedera algeriensis* hort.
智利钟花	*Lapageria rosea* Ruiz & Pav.
丛枝蓼	*Persicaria posumbu* (Buch.-Ham. ex D. Don) H. Gross
五味子	*Schisandra chinensis* (Turcz.) Baill.
绣球钻地枫	*Schizophragma hydrangeoides* Sieb. et Zucc.
山葡萄	*Vitis amurensis* Rupr.
三叶木通	*Akebia trifoliata* (Thunb.) Koidz.
铁线莲	*Clematis florida* Thunb.
素方花	*Jasminum officinale* L.
素馨	*Jasminum grandiflorum* L.
忍冬	*Lonicera japonica* Thunb.
爬山虎	*Parthenocissus tricuspidata* (Siebold & Zucc.) Planch.
西番莲	*Passiflora caerulea* Linnaeus
月季	*Rosa chinensis* Jacq.
腺梗蔷薇	*Rosa filipes* Rehd. et Wils.
硬骨凌霄	*Tecoma capensis* Lindl.
翼叶山牵牛	*Thunbergia alata* Bojer ex Sims
络石	*Trachelospermum jasminoides* (Lindl.) Lem.

（续）

攀缘植物	
刺葡萄	*Vitis davidii* (Roman. Du Caill.) Foex.
多花紫藤	*Wisteria floribunda* (Willd.) DC.

屏风植物和树篱	
荔莓	*Arbutus unedo*（Strawberry tree）
美国扁柏	*Chamaecyparis lawsoniana* (A. Murray bis) Parlatore
欧洲刺柏	*Juniperus communis* L.
水青冈	*Fagus longipetiolata* Seem.
油橄榄	*Canarium oleosum* (Lam.) Engl.
加杨	*Populus* × *canadensis* Moench
桂樱	*Prunus laurocerasus* L.

（续）

屏风植物和树篱	
加州桂	*Umbellularia californica* (Hook. & Arn.) Nutt.
紫叶小檗	*Berberis thunbergii* 'Atropurpurea'
锦熟黄杨	*Buxus sempervirens* L.
柳叶栒子	*Cotoneaster salicifolius* Franch.
牛奶子	*Elaeagnus umbellata* Thunb.
鼠刺	*Itea chinensis* Hook. et Arn.
冬青卫矛	*Euonymus japonicus* Thunb.
梾木	*Cornus macrophylla* Wallich
扶桑	*Hibiscus rosa-sinensis* L.
卵叶女贞	*Ligustrum ovalifolium* Hassk.
杜鹃	*Rhododendron simsii* Planch.
法国蔷薇	*Rosa* × *gallica* L.
多枝柽柳	*Tamarix ramosissima* Ledeb.

圣阿尼塔蓝菊
Felicia amelloides 'Santa Anita'

花烟草
Nicotiana alata

黑种草
Nigella damascena L.

金盏菊
Calendula officinalis L.

百日草
Zinnia elegans

鲍登纳丽花
Nerine bowdenii W. Watson

鳞托菊
Rhodanthe manglesi Lindl.

虎耳草
Saxifraga stolonifera Curt.

短舌匹菊
Pyrethrum parthenium (L.) Sm.

刺老鼠簕
Acanthus spinosus L.

鼠尾草
Salvia japonica Thunb.

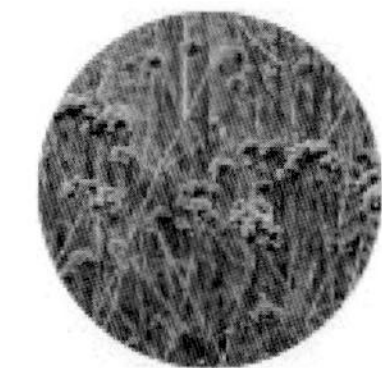
柳叶马鞭草
Verbena bonariensis L.

蓝灰石竹
Dianthus gratianopolitanus Vill

三色堇
Viola tricolor L.

花蔺
Butomus umbellatus Linn.

欧洲刺柏
Juniperus communis L.

金叶大花六道木
Abelia × grandiflora 'Francis Mason'

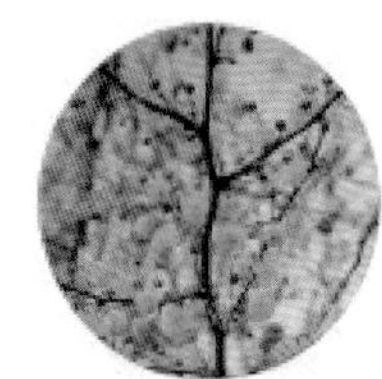
银荆
Acacia dealbata Link

油橄榄
Canarium oleosum (Lam.) Engl.

桂樱
Prunus laurocerasus L.

波士尼亚松
Pinus heldreichii

大果柏木
Cupressus macrocarpa Hartw.

丝兰
Yuccasmalliana Fern.

日本四照花
Cornus kousa F. Buerger ex Hance

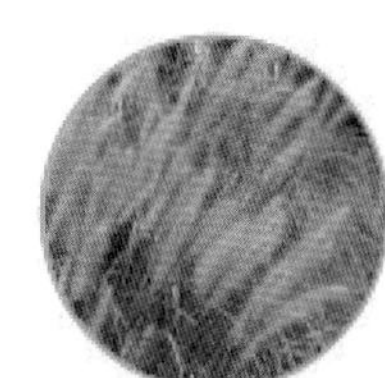
狼尾草
Pennisetum alopecuroides (L.) Spreng.

美女樱
Glandularia × hybrida (Groenland & Rümpler) G. L. Nesom & Pruski

天竺葵
Pelargonium hortorum Bailey

鸢尾
Iris tectorum Maxim.

葡萄风信子
Muscari botryoides

春色郁金香
Tulipa 'Beauty Of Spring'

翠雀花
Delphinium grandiflorum L.

蓝刺头
Echinops sphaerocephalus L.

松果菊
Echinacea purpurea

绣球
Hydrangea macrophylla (Thunb.) Ser.

钓钟柳
Penstemon campanulatus (Cav.) Willd.

西伯利亚鸢尾
Iris sibirica L.

小香蒲
Typha minima Funk

薰衣草
Lavandula angustifolia Mill.

欧丁香
Syringa vulgaris L.

勿忘草
Myosotis alpestris F. W. Schmidt

牛奶子
Elaeagnus umbellata Thunb.

法国蔷薇
Rosa × gallica L.

加杨
Populus × canadensis Moench

欧洲红豆杉
Taxus baccata L.

欧洲山松
Pinus mugo，Pinus mugoTurra.

蓝羊茅
Festuca glauca Vill.

蒲苇
Cortaderia selloana (Schult.) Aschers. et Graebn.

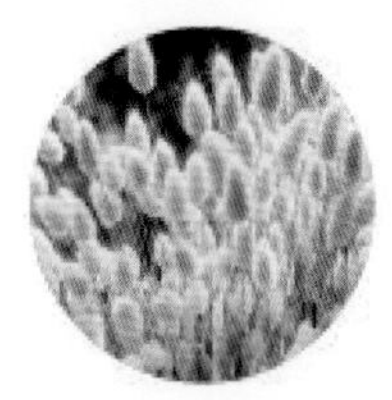
兔尾草
Lagurus ovatus L.

紫竹
Phyllostachys nigra (Lodd.) Munro

针茅
Stipa capillata L.

参考文献

1. 陈俊愉, 程绪珂. 中国花经[M]. 上海: 上海文化出版社, 1990.
2. 余树勋. 花园设计[M]. 天津: 天津大学出版社, 1998.
3. 陈志华. 外国造园艺术[M]. 郑州: 河南科学技术出版社, 2001.
4. 林登・霍桑. 多年生花卉园艺图鉴[M]. 赵日新, 译. 台北: 猫头鹰出版社, 2002.
5. 帕特里克・泰勒. 英国园林[M]. 高亦珂, 译. 北京: 中国建筑工业出版社, 2003.
6. 英国皇家园艺学会. 多年生园林花卉[M]. 印丽萍, 肖良, 译. 北京: 中国农业出版社, 2003.
7. 克里斯托弗・布里克尔, 英国皇家园艺学会. 世界园林植物与花卉百科全书[M]. 杨秋生, 李振宇, 译. 郑州: 河南科学技术出版社, 2005.
8. 艾尼・瓦逊. 世界园林乔灌木[M]. 包志毅, 译. 北京: 中国林业出版社, 2007.
9. 贝思出版有限公司. 英国景观[M]. 武汉: 华中科技大学出版社, 2008.
10. 英国DK公司. 英国目击者旅游指南[M]. 北京: 中国旅游出版社, 2008.
11. 夏宜平. 园林花境景观设计[M]. 北京: 化学工业出版社, 2009.
12. 约翰・奥姆斯比・西蒙兹. 启迪: 风景园林大师西蒙兹考察笔记[M]. 方薇, 王欣, 译. 中国建筑工业出版社, 2010.
13. 施奠东, 刘延捷. 世界名园胜境1: 英国 爱尔兰 [M]. 杭州: 浙江摄影出版社, 2014.
14. 杰夫・霍奇. 英国皇家园艺学会植物学指南[M]. 何毅, 译. 重庆: 重庆大学出版社, 2016.
15. 林小峰. 中外园林景观品鉴[M]. 北京: 中国林业出版社, 2017.
16. 安布拉・爱德华兹. 英伦花园的前世今生[M]. 王俊逸, 译. 武汉: 华中科技大学出版社, 2019.

17. 麦迪逊·考克斯, 托比·马斯格雷夫. 园丁的花园——世界花园巡礼[M]. 郑杰 肉蒲星球植物工作室, 译. 北京: 北京美术摄影出版社, 2019.
18. WILLIAM ROBINSON. The English Flower Garden[M]. New York: Hamlyn, 1989.
19. Sunset magazine and sunset books. Western Garden Annual[M]. California: Sunset Publishing Corporation, 1999.
20. MONTY DON. The Complete Gardener[M]. London: Dorling Kindersley Publishers Ltd, 2005.
21. MARIELLA SGARAVATTI, MARIO CIAMPI (PHT). Tuscany Artists Gardens[M]. Woodbridge: Antique Collectors Club Ltd, 2006.
22. JOHN BROOKES. John Brookes Garden Design Course[M]. London: Mitchell Beazley, 2007.
23. MARG THORNELL. Garden Details[M]. Mulgrave: Images Publishing, 2008.
24. WILLIAM ROBINSON. The Wild Garden: Expanded Edition[M]. Portland: Timber Press, 2009.
25. FRED WHITSEY, TONY LORD. The Garden at Hidcote[M]. London: Frances Lincoln, 2011.
26. RACHEL WARNE, BETH CHATTO, FERGUS GARRETT. A Year in the Life of Beth Chatto's Gardens[M]. London: Frances Lincoln, 2012.
27. STACY BASS. In the Garden[M]. New York: Melcher Media, 2012.
28. GEOFF HODGE. RHS Botany for Gardeners: The Art and Science of Gardening Explained & Explored[M]. London: Mitchell Beazley, 2013.
29. KATIE CAMPBELL. British Gardens in Time: The Greatest Gardens and the People Who Shaped Them[M]. London: Frances Lincoln, 2014.
30. KRISTINA TAYLOR. Women Garden Designers[M]. Woodbridge: Antique Collectors Club, 2015.

后记

自2008年第一次赴英国考察园林，至今已赴英16次，带着上百个英国花园的记忆和近50万张照片影像，2017年开始动笔撰写《我眼中的英国花园》这本书，5年时间方得始终。在后记中，我不想再以严谨的方式阐述英国花园的造园理念和形成过程，更想说一说我的感受。

赴英16次期间，我参观了3次切尔西花展、一次汉普顿宫花展，参观了各种类型的几百个花园，本书记录并展示的花园有70个，还有数十个花园因篇幅有限，而无法一一赘述，然而这在英国的花园版图上也只是很小的一部分。没有详细数据说明英国43个郡中究竟有多少个花园。它们有的在城市里，有的在乡村古堡中，有的面朝大海，有的面向柔和广袤的英国乡村田园，有的在云深不知处的悠悠山谷。它们或气质高冷，或田园自然，或气势磅礴，或温馨祥和，每一个花园都讲述着只属于自己的故事，每一个花园都拥有自己的独特个性。我用专业与抒情的文字描述、用相机镜头记录，把这些花园的美和故事展现给热爱花园、热爱生活的人。

这些英国花园其实都拥有教科书般的设计思想，精湛的造园工艺和百年如一日的代代相传的精心维护，它们有的从诞生起就闻名遐迩，至今不负荣光；有的家族式的传承，经历了几代人，仍熠熠生辉；有的几经波折转手给了不同的主人，仍被精心对待。这些日积月累、尽善尽美地对待园林、对待花园的态度，来自他们真心的热爱。因此在高度专业化的英国花园里，我感受到的是人性化的关怀和温暖，是主人与花园的心神合一。

2017年至今，5年时间完成了这本书，我的内心充满感激。首先我衷心地感谢中国工程院院士、德国工程科学院院士、瑞典皇家工程科学院院士吴志强先生，5年来一直关心本书的编写，并为本书题序；感谢全国工程勘察设计大师、住建部风景园林专家委员会委员、上海市园林设计研究总院有限公司名誉董事长朱祥明先生，他不仅非常关心本书的编写过程，还亲自为本书作序并提出修改意见；感谢《中国园林》杂志社社长金荷仙女士，辰山植物园执行园长胡永红先生对本书给予的关心。其次我要感谢团队的缪宇女士、江一颐先生、周凯丰先生、蒋冬梅女士、任溪晨女士、黎寅秋先生、夏玲玲女士、高文珏女士，他们帮助我进行大量照片和资料整理工作。同时，我衷心感谢这本书的责任编辑孙瑶女士，在本书的策划和编辑过程中，一直得到她的支持。我还要衷心感谢我的妻子王瑛女士，她一直鼓励我、支持我，并在写作过程中，给予我很多的帮助。最后，感谢您的阅读。

2022年10日

图书在版编目（CIP）数据

我眼中的英国花园. 下 / 虞金龙著. -- 北京 : 中国林业出版社, 2022.12

ISBN 978-7-5219-1836-6

Ⅰ. ①我… Ⅱ. ①虞… Ⅲ. ①园林艺术—研究—英国 Ⅳ. ①TU986.656.1

中国版本图书馆CIP数据核字(2022)第154803号

策划编辑：孙瑶
责任编辑：孙瑶
装帧设计：刘临川　张丽

出版发行：中国林业出版社
（100009，北京市西城区刘海胡同7号，电话83143629）
电子邮箱：cfphzbs@163.com
网址：www.forestry.gov.cn/lycb.html
印刷：北京雅昌艺术印刷有限公司
版次：2022年12月第1版
印次：2022年12月第1次
开本：787mm×1092mm　1/12
印张：38.67
字数：421千字
定价：298.00元

前言

我想写《我眼中的英国花园》一书的想法由来已久。主要有两个重要的原因，其一是我作为一名从事风景园林设计与实践工作的专业人士，在设计与实践中需要了解世界三大园林体系发展的脉络以及引导风景园林走向的大事件，而英国园林就是世界园林体系中发生过大事件的部分。如18世纪独树一帜并风靡全球的英国自然风景园林与花园，每年举办的引导国际园艺走向的英国切尔西花展等。其二是爱好花园与文学使然。英国有那么多令人向往的伊甸园式园林与花园，需要我们去认识和理解这些英国园林的历史成因与人文积淀，需要去领悟与体验园林花园场景里发生的故事，每当我站在英国园林里时，都会感觉到从眼睛、身体到心灵的融入，仿佛时间就停留在发生故事那一刻的时光里，而且每一座园林与其背后源远流长的故事让人在身临其境中肃然起敬。

讲到英国园林与花园，我想对于专业人士来说似乎是不陌生的，在各类园林专业教材里都有描述。对于去英国旅行的游客也同样如此，因为英国园林、园艺是世界园林与园艺的风向标，英国的乡村、庄园、花园似乎是人们追求与向往的“桃花源”的代名词。但我们对英国的园林与花园、英国的园艺与生活到底了解多少？当前在电视、书籍、旅游等的释文中对英国园林是否已完美诠释？是否还需要更多完善？

带着诸多疑问的我，对描述英国园林与花园的书籍进行反复阅读与学习，并从2008年起，带领团队对英国园林开始了长达十多年的实地考察、研究与复盘，与英国皇家园艺学会及众多花园主进行交流，对英国国民自然信托基金会等组织管理的城堡、大宅及花园的保护及运营模式进行探讨，通过对英国园林实地考察拍摄的50多万张英国园林照片及视频里进行分析与研究，我深深地被英国园林从菜园到花园再到风景园林发展的历史路径所吸引，被独特魅力的如风景画般的斯陀园、斯托海德风景园、布伦海姆宫、谢菲尔德公园花园、霍华德城堡花园、大迪克斯特豪宅花园所震撼，被人人都是园丁的民众基础所感动。也得出一个浅显的结论：我们对英国园林及花园这一世界性的园林宝库认识与了解还是远远不够的，有的地方的理解甚至是肤浅的。鉴于此，我根据自己带领研究团队16次的英国园林之行，对英国园林的历史成因、发展过程、风格演变做一些我的认知的阐述，以便从更多的方面去了解“时间轴”上的英国园林，了解这个世界园林宝库的前世今生。

我理解的英国园林发展的历史是相伴着英国国家的发展历史的，英国园林就是一本园林与英国人文历史发展的百科全书，就如人类发展的历史长河里，有西亚人入侵欧洲的历史，有东西方文化（包括园

林）的交融与发展，有从欧洲的凯尔特人、古罗马人、盎格鲁–撒克逊人、诺曼人等入侵英国并定居，定居后出现了因生活需求而产生的园艺现象，出现了园林文化的传入、认知、实施及不断发展。可以说，英国园林从无到有，从东西方文化交融，在欧洲大陆的意式台地园林、法式规整园林的影响中形成、发展、壮大的规整园林到独具特色的18世纪自然式风景园林、19世纪的如画自然风景园林、20世纪的个性化工艺美术园林、21世纪的当代各种园林等，可谓波澜壮阔、影响深远。

这当中我觉得诸多学者对18世纪以前的英国自然风景园林产生的思想源泉描述与研究不多，如缺少对培根、坦普尔、弥尔顿等哲学家、文学家的自然思想描述，对普爽、洛兰、特纳、康斯坦布尔等画家的自然风景画研究与论述缺失。我认为这些需要加以补充到英国园林的发展史中，而18世纪独特的英国自然式风景园林体系影响了西半球园林发展和世界园林发展，英国大地上的各种各样园林花园及有160多年的英国切尔西花展等已成为世界园林、园艺、花艺发展的风向标，这些又与各时期的建筑师与造园家的理想追求与不断实践分不开，所以在研究与游赏英国园林时，对范布勒、勒诺特尔、约翰·伊夫林、伦敦、怀斯、斯维泽、布里基曼、肯特、布朗、吉尔平、奈特、普莱斯、雷普顿、钱伯斯、路登、拉斯金、莫里斯、杰基尔、罗宾逊、帕克斯顿、克劳德、杰利科等历代建筑师与造园家的历史性作用研究，也是对英国园林的致敬。今天英国园林的发展，与国家层面及英国王室的重视、国土的规划，同时与“人人都是园丁”喜爱花园生活的国民也有关，与16世纪航海大发展后，从世界各地收集而来的丰富园林植物有关，与英国国民自然信托基金会等组织的保护与管理密不可分。

园贵有脉，思贵有想，英国园林亦然。我想事物关联的是脉络、是源泉、是体系，是因为交融才有发展，研究英国园林历史与人文、哲学与文学影响，探索其规划、设计与造园的知行演变，有助于世界园林宝库的丰富、充实，对当代世界与中国的公园城市建设、花园人居建设、风景园林发展也是非常有参考价值与现实意义的。我们常说“他山之石可以攻玉”，这就是写作《我眼中的英国花园》一书的初衷。此书可能会有很多不完善之处，但我以自己的绵薄之力，以一家之言、沧海一粟的努力与勇气对英国园林进行研究与探索，希望对风景园林专业人士、对城市规划及行业管理者等有所帮助，也希望对今天中国的风景园林教育、公园城市建设与花园人居理想，以及实现园艺让生活更美好的愿景，提供一些知行合一的园林、生活、艺术审美线索和帮助。

仅此足矣。

虞金龙

2022年8月

目录

序一

序二

前言

公园与植物园

个性化花园

小镇花园

附录

参考文献

后记

《我眼中的的英国花园：上》